CONTENTS

Sudoku rules for beginners

① **The numbers 1 to 9 may only appear once in each line :**

9	1			3		4	2	7
2		8	1		6		9	3
4		3		9	2	6	8	1
		5						
		9	6	7	3	1		
7	3	4	2	5	1	9	6	8
			5			7		6
6				7	3	8	5	2
5	8		6			1	3	

② **The numbers 1 to 9 may only appear once in each column :**

9	1			3		4	2	7
2		8	1		6		9	3
4		3		9	2	6	8	1
		5					7	
		9	6	7	3	1		
	3	4	2		1	9	6	8
		5				7	4	6
6			7	3	8	5	2	
5	8		6			1	3	

③ **The numbers 1 to 9 may only appear once in each square :**

9	1			3		4	2	7
2		8	1		6	5	9	3
4		3		9	2	6	8	1
		5						
		9	6	7	3	1		
	3	4	2		1	9	6	8
		5				7		6
6			7	3	8	5	2	
5	8		6			1	3	

MEDIUM PUZZLES

MEDIUM - 1

9		8		6		5	1	2
5		2	7	1			3	8
1		4	5	8	2	7	6	
8			6	2		9		
	9	7		3	8	1	2	
2						6		3
3	5	1	8	9	6		4	7
	8	6	2	5				
7		9	1	4	3			6

MEDIUM - 2

	1		7		5	4	2	
4		7		2	9		8	1
2	9		1		4	5	7	3
1		6	2	7	8		3	5
9	8		4	5	3			
7	3	5		1	6	8		
	6	4	5		7			
8		9	6			1	7	5
5			8		2	3		6

MEDIUM - 3

5	8	9	3		1	7		6
	6	7	8		2	1	4	5
1	2		7	5	6		8	
	7		4	1		5		
4		1	6		9		7	3
	3	8		2	7	4	6	1
8			2	6				7
			9	7	5	8		2
	9	2	1			8	6	

MEDIUM - 4

4		6	8		3		9	5
1		3		7	4		6	
8			1	9		7	4	3
9	4	1		5	8	3	2	6
			3		2	9	8	4
	8	2	6			5	7	
			9	6	1		5	7
7	1			8		6	3	
	5	9			7	8	1	

MEDIUM - 5

6	4		7	3		9	2	
1	9	7	8	2				5
	2							8
7	8	4		1	3	2		6
9			4	5		8	1	7
	5	1	6	7	8	3		4
4	7		2		1	5		
	1	2	5	9		6	7	3
		9	3	8			4	

MEDIUM - 6

	8	7			2		4	5
	2	3	4	5		8	7	9
	4		3			6	1	
	5		2	8	3	7	6	4
8	6		5	4	7	9		
3			1	6	9	2		
4	9		8	3	5	1	2	7
2		8	7	1		5		6
	1	5			6			

MEDIUM - 7

4		9	1		5	7	6	2
5	1	7			2			
	8	6	9	3			4	
8	4	5	7	2	3	9	1	6
7	2	1	8			4	3	5
			5			8		
3	9	8	2	5	1			4
6	5	2		7		1	8	
1				6	8	2	5	

MEDIUM - 8

				5	1		9	
	5	4	7	3	2	1		6
3			9		4	7		2
	8	6	4	1	7	2		9
1	7	3	2			6		5
4		2	3	6	5			
2	3		1	4		5	6	8
	1	9	5		6	3	7	4
		5				9	2	1

MEDIUM - 9

5	9	7	4	3	6		8	
2			9		7	3		
3	8	4	5					6
7	3				1	8	6	
8		9	7				3	1
1	4		8	6	3	5	7	
4		1		7	9			
9	5	3	6		8	4	1	7
	7	8	1		4	9	2	3

MEDIUM - 10

7	1	3	5	4				
9		4			8	7	3	5
	5			9	7	1		
6	9	2		1			4	
			2	8				6
8	4		6	3		2	1	
		1	8	6	3	9	5	
5	2	6	9	7	1	4		
3	8	9	4	5	2	6		1

MEDIUM - 11

8	9	7	2	3	5		1	6
	4	2	9			5		8
	5	6		7	8	3		
4	8		6			2	3	1
		1	3	8	9	7		
	6		1	4	2	8	5	
	7	8	5			1		3
2	1	5		9	3	6		
	3		7	2			8	5

MEDIUM - 12

	1	7	4	2	5	6	9	
4	2		6					7
	6		3			5	4	2
	5	6	8	9	2	4		3
	3		5	6	4	9		
2	9	4	7	3		8	6	5
	4				6	3	8	
	8			4			1	6
	3	1	9			2	5	4

MEDIUM - 13

4	6		8	2	3			
		9	6			3	2	8
	8			7	9	6	1	4
9	3	8	2	5	6			7
	5			8	7	9		2
7	2		9	3	1			6
	1	3				2	6	
2	9			6	8			1
6	4	7	1	9	2	5	8	3

MEDIUM - 14

	9	6	1	5		4		
5	4		7		3			
		7		4		6	5	3
4	8	5	2	7		3		9
6				4		2		5
7	2	9		3	6	1	4	8
9	6	4		8	7	5		1
			3	6	2			4
		2	9	1		7	3	6

MEDIUM - 15

9	1	3		6	4		7	8
	4	7	1	8	9	6		
	2	8	5		7	1	9	
8	9	2			5			1
4	6					7	2	9
		1		4	2			5
1	5	9	3		6			
7	8	6	4				5	3
2		4	7	5	8		1	

MEDIUM - 16

		8		9	6	3		
	2		8	7	4		9	
9	1	6	5	3		4	7	8
	3	2		4		6		9
5				6	8	2	1	
6	8	7	2	1	9	5	4	
		1			3			4
2	5	3	4	8		9		1
8	6	4					3	5

MEDIUM - 17

7	4	6	9			2	5	1
	1				4	8	7	
	5	8	6			9	3	
4	8		7	3	9	6	1	5
		3	1	5	8	4	2	9
	9	5		2			8	
	3		5			1	6	2
	2	1	3	6	4	7	9	
	6	7		1	2	5		

MEDIUM - 18

5	4	7	6	9			2	8
3	2	9		1	8		6	
		1	5		2	9	4	3
1	8		9		6			4
6	5	4		8				1
		3		5	4	2	8	6
	3		8	4		6	1	7
4			7			8	3	9
7	9			6			5	2

MEDIUM - 19

	2	1	8	9	6		5	4
9	7	5	4	2			1	6
	6	8		1	7	9	2	
	5	4	3		9	2		
		9	2	6	4		3	5
2	3		1	5	8			7
		3	7		2	5		
8	1			3		6	4	2
			6	8		3	7	9

MEDIUM - 20

		5	6	3	2			7
3	2			4	9	1		
9	6				8		3	
	7	1	9			4	5	8
6		8		5	7	4	9	1
5				8		7		
	9	6	4	1	5	3		2
4		3	7	2	6	8	1	
	1	2			3	6	5	4

MEDIUM - 21

			9	7	6			
1	3	7		8		9		6
	8		3	1	5	4	2	7
	1	8	5		2		6	
	7		6	3	1	5	8	2
2	5				8	1	4	3
			1	5	7	2		4
7	2	5	4	6	9	3	1	
4	9		8	2				

MEDIUM - 22

			5		6		3	4
5	1	6	8		4	9	2	7
	3		2	9			8	6
1		3	6		7			8
8	7		3	4	2	6		9
2	6		1	8	9	7		
			4	6	3		8	
	4	8		1	5		9	2
3		1	9	2	8	4	7	

MEDIUM - 23

	8			1		4		5
	9		4	7	2	3		8
1	7	4	8	5	3	6	2	9
			2	8		5	3	
5		1			4			2
2		9	5		7	8	6	4
7		2		9			5	
8		6	7		5	9		3
9	5		1	4	6	2	8	

MEDIUM - 24

5		8	3	4		7	1	6
		1			8			
4		6	7		9	8		
	2	9	4	3	1	6		
1	6	5	9	8	7	2	3	4
		7		2	5	1		
9		4	8		3		6	
6	8	3	2		4	9		1
			1		6	3	4	8

MEDIUM - 25

2		4	5					
5	3	1	2			7	6	8
	9	6	7	1	3	5		2
	1	9	3			2	8	6
3	8	2		7		1	5	
6	4	5	1		2	9	7	
4	2	3		9		8	1	5
1	6	7		3		4		
		8			1	6		7

MEDIUM - 26

8	1	2		4		9	3	7
	9			2			4	
5	4		1	3	9		2	
7			3	5				9
1	3	5			2	6	8	
9		4	8	6	1	5	7	3
3	6		2	9	7	4		8
2		9		8			6	1
4			8	5		6	3	2

MEDIUM - 27

3	6		7				8	1
8	5		6		3		4	2
	4		5			6		3
	9	4			7	1	6	8
7	1		8		9	3	5	4
6	3		1				9	7
	7	6		8	1	4		5
1			4	2	6		3	9
4		3		7	5		1	

MEDIUM - 28

5	2	7	4	8		6	3	9
		6			5		1	4
1	4	3	7	9		2		5
7	1		8				9	2
			5				7	6
	9	8	2		4	3	5	1
2	7	4	1	5	8	9	6	
	6	1	9			5	4	7
	5		6				2	8

MEDIUM - 29

7	9	1		5		6		2
	2		1	9	7	4	3	5
	3	4	2		6			
2	7	9	8	1	5		4	
1	5				4		7	
	4	3		7	9			1
		5	9	6	8		2	4
9		7		4	2		6	3
	6	2	7	3			9	8

MEDIUM - 30

1	2	5	7	3			9	
4	6	8	1			2	7	5
					4	1	2	8
6		4	3			2	8	5
5	1			8	6			
9		2	4	7	5	3	6	1
3	4	6	9	5			1	
		1				4	7	
2			8	4	1	6		9

MEDIUM - 31

	8	1		6	3	2		4
5		2	7		8		6	3
		3			9		1	5
		5				1	4	6
7	1	9		4	6		8	
	6	8		5		3	9	
8		6		7	5	4	3	9
1	9		6		2	7	5	
	5	7	8			6	2	1

MEDIUM - 32

	3		6	9	4			2
8	4	9	1			2	6	
	2	6			7	9		4
1		8		2			4	5
	6		3	4	9	1		8
		4			8	2		6
	1	7	2		5	4	6	3
6	5		4	7	1	8		9
4	8		9	6	3		5	1

MEDIUM - 33

```
4 8 . | 3 7 2 | 6 . 9
. 2 . | 1 6 . | 8 3 4
. 3 6 | . . . | 1 2 7
------+-------+------
6 9 . | 4 1 7 | 3 . 2
8 7 2 | . 5 . | 4 9 1
. . . | 8 2 . | 5 7 .
------+-------+------
. 1 9 | 7 8 6 | 2 4 .
. . 4 | 2 . . | 9 6 .
2 6 8 | 5 . . | . . 3
```

MEDIUM - 34

```
. 7 . | . 2 6 | 3 5 9
6 . 8 | 9 3 5 | 7 4 1
3 5 9 | 7 4 1 | 6 2 .
------+-------+------
9 . . | 4 . . | . . .
2 4 . | 6 7 . | 1 9 3
8 . 3 | 5 9 . | 4 6 .
------+-------+------
. . . | 1 . 4 | 2 . .
. 8 2 | 3 6 . | 9 1 .
1 . 4 | 2 5 . | . . 6
```

MEDIUM - 35

```
9 5 . | . . 8 | . . .
. 1 2 | 6 . 4 | . 8 5
7 6 . | . . 1 | 9 4 3
------+-------+------
1 3 7 | 4 8 6 | 5 9 .
. . 9 | . 7 . | 6 . 8
. 8 5 | 1 . 9 | 3 7 .
------+-------+------
5 9 . | . . 2 | 4 . .
2 . 3 | 9 . 7 | 8 5 .
8 7 6 | . . 3 | 1 2 9
```

MEDIUM - 36

```
8 4 6 | 9 . . | 7 1 .
5 3 1 | 7 . 8 | . 2 4
. 7 . | . 5 1 | 6 3 .
------+-------+------
. 8 . | 3 1 . | 4 9 2
4 . . | . 9 2 | 8 . .
. 2 9 | 8 7 4 | . 5 .
------+-------+------
. . . | 1 8 9 | 2 4 .
1 6 4 | 2 . . | . . 9
2 9 8 | 6 . . | 3 7 .
```

MEDIUM - 37

```
. 2 . | 3 6 5 | 4 7 1
1 6 5 | 9 4 . | 2 3 8
4 . 3 | . . . | . 6 9
------+-------+------
2 9 . | . 8 6 | 3 4 7
3 5 7 | 2 9 . | . 8 .
. 8 4 | . . . | 9 . 5
------+-------+------
. . 9 | 7 3 . | 6 . 2
5 1 6 | 4 . . | . . .
. . . | 6 5 9 | 8 . 4
```

MEDIUM - 38

```
9 3 . | 6 4 1 | . 5 .
1 2 6 | 8 7 . | 3 . .
. . 8 | 3 2 . | 1 6 7
------+-------+------
2 . . | 5 8 4 | 9 7 6
. 8 4 | 7 9 . | . 2 1
. . 9 | 1 . . | 4 8 .
------+-------+------
4 . . | 9 . 8 | 7 . .
. 9 . | 2 1 7 | . 3 .
. 7 1 | . . 6 | 2 9 8
```

MEDIUM - 39

```
6 . 4 | 5 . . | . 9 1
. 2 8 | . 9 7 | 5 3 .
. 9 5 | 4 1 3 | 2 8 6
------+-------+------
9 5 . | 2 3 4 | 1 . .
. 7 2 | . 5 1 | 4 . .
8 . . | . 7 . | . 2 5
------+-------+------
. . . | 1 2 . | . . .
5 6 3 | . . . | 9 1 2
2 1 9 | 3 6 5 | 8 . 7
```

MEDIUM - 40

```
. . . | . 2 1 | . 6 4
4 7 2 | 6 9 3 | . . 8
5 . 1 | . . 7 | 2 9 3
------+-------+------
. 2 . | 4 . . | . . 5
1 3 4 | . 6 5 | 8 2 .
. . 9 | 2 1 8 | . . 7
------+-------+------
. 9 6 | 1 8 . | 5 3 .
2 4 . | . 3 7 | 9 8 1
3 . 8 | 9 5 2 | 4 7 .
```

MEDIUM - 41

```
5 . 4 | 8 . . | 2 . 7
. 2 3 | 5 . 7 | 9 1 .
9 7 . | . . 1 | 4 3 5
------+-------+------
3 6 . | . 8 4 | . . .
8 4 2 | 6 1 5 | . 7 9
1 . 7 | 3 9 2 | 6 . 4
------+-------+------
. 3 . | . 2 8 | . . 6
2 . 1 | . 5 6 | 7 4 3
. 9 . | 1 . . | 3 8 5
```

MEDIUM - 42

```
. . 6 | 3 5 . | 8 . 2
. 3 8 | . 9 2 | 6 . 4
. 1 5 | 8 . . | 7 . 9
------+-------+------
8 6 2 | 5 7 1 | . 9 .
. 7 . | . 2 8 | . 6 1
1 . 9 | . . 3 | 2 8 7
------+-------+------
5 9 7 | 4 3 8 | 1 . .
. 2 . | . 9 1 | . 3 7
. 8 1 | 7 2 . | 9 . .
```

MEDIUM - 43

```
. . . | 4 2 . | 7 6 5
6 4 9 | 5 8 7 | . 1 .
7 . . | 1 6 3 | 9 . 4
------+-------+------
3 1 . | . 9 6 | 5 2 8
5 2 6 | 8 1 . | . . 7
9 . 7 | 2 3 5 | 6 . 1
------+-------+------
. . 1 | 3 5 8 | . . 6
8 . 5 | 4 . . | 1 . .
. 7 . | . 2 . | 8 . 9
```

MEDIUM - 44

```
. 4 . | 5 6 8 | 3 2 .
9 5 . | . 1 4 | . 6 .
2 . . | 9 7 . | . 1 5
------+-------+------
. 9 . | . . 5 | 7 4 8
. 7 2 | 4 3 9 | . 5 .
. 5 . | 7 8 . | . 3 2
------+-------+------
1 8 4 | 6 . . | . 9 3
. 6 . | 8 . 1 | 2 7 4
. 2 . | 9 . 3 | 6 8 1
```

MEDIUM - 45

```
. 3 4 | 5 . 6 | . 7 8
. 5 . | 3 9 8 | 6 . 1
8 9 6 | 1 7 4 | . 2 .
------+-------+------
6 8 3 | 4 . . | . 1 .
5 . 9 | 7 6 1 | 8 . 2
7 . . | 9 8 . | . . .
------+-------+------
4 1 8 | 6 3 7 | 2 9 5
9 7 2 | 8 . . | 3 6 .
3 6 . | . 4 . | . . .
```

MEDIUM - 46

```
. 9 7 | . 5 3 | . 1 8
4 . 6 | 2 . 1 | 3 . .
3 8 1 | 9 . 7 | . . 5
------+-------+------
. 2 . | 4 1 5 | 6 8 9
5 . 4 | 8 3 9 | . . 1
8 . 9 | . . . | 5 3 4
------+-------+------
1 7 5 | . . 6 | 8 4 2
. . . | . 2 . | 1 7 6
6 2 . | 1 7 . | . 5 3
```

MEDIUM - 47

```
. 2 . | 9 6 3 | . . 4
3 4 . | 5 1 7 | 6 . 2
6 . . | 8 . 2 | 5 . .
------+-------+------
7 . 3 | 4 . 1 | . 5 8
4 5 2 | 7 . . | 3 . 9
. 8 . | 3 . . | 4 6 7
------+-------+------
9 7 5 | 6 3 4 | 8 . .
2 3 . | . 7 . | 9 4 5
8 . 4 | . 5 . | . 3 6
```

MEDIUM - 48

```
5 9 4 | . . 3 | 8 6 .
1 7 . | . . . | 4 5 2
2 . 8 | 7 . . | 9 3 .
------+-------+------
8 5 . | 2 9 6 | 7 . 3
. 3 . | 8 1 7 | 5 2 9
. . . | 3 4 . | 1 8 .
------+-------+------
3 . 7 | . . 2 | 6 9 .
. 4 5 | 6 . . | 2 . 8
6 . . | 4 7 . | 3 1 5
```

MEDIUM - 49

9	7				8	1	5	6
	5				6		7	
	1			7		8		
8	6		9	1		7	3	2
1	3			2	7	5		4
	4	2	5	8	3	6	9	1
5			4	3		9	6	7
6	2		7				1	8
3	9	7	8		1	4		5

MEDIUM - 50

	7	5	4	9				3
1		3	5	7		6	4	9
	6	9	3		8	5		
5	3	7	1		9	8		
6	9	2	8		3		1	4
		1	6			3	9	5
3	1	4	2			9	7	6
7	5						2	3
9				3		4		8

MEDIUM - 51

	7	5	4	1	8			
6	4		2	5	7		1	8
8	2	1		6	3	5		
7			1	9	5		3	
			3	7	2	8	6	9
2	3		8	4	6		5	1
5	8	6	7	2			4	3
4		7	6	3	1		8	
		2	5	8				

MEDIUM - 52

	4	6	8	9	1	7	2	5
	8	5	2		4	9		6
	9		6	5	7	4		8
	7	3	1		6		9	
4						3		
	6				5	1	8	7
1	3				2	6	5	9
	9	7			8	2	4	3
5	2	4	9		3	8	7	1

MEDIUM - 53

7	9	8	4		3	2		6
3	2	6	7	9	5	4	8	1
	1	4		6		3		
	3	1	8			2		
6	7	5		2	1	8	3	4
2		9		4	7	6	1	
		2				6	8	
1	4			8	5			
8			2		9		4	3

MEDIUM - 54

4		8	2	5	7	6	9	1
2	6		3	1			5	8
9		1	6	8	4	3		
	5	4	2	3		1	8	
	2	3	9		8	5	6	
8				6	5	2	3	9
	4	6			1			
					2	8	4	6
3	8		7				1	5

MEDIUM - 55

9	4		2	3	5	8		
		1	9	7	8	3	4	6
3	7	8			1	5	2	
1	3			8				
		5	1		6		3	
6		7		2	3		5	8
7	1	4	3		2	9		5
8		3				4	1	2
2		9	8	1		7	6	3

MEDIUM - 56

3	8		7	6		2	5	
2	5	1		9	4	3		7
6		9	3	5		1		4
	4	2	6				1	
				4		7	9	3
	3			1	9		2	6
4		7	1		6	5	3	2
		3			5	9		
1	2	5	9	3	7	6		8

MEDIUM - 57

```
8 5 . | 1 9 4 | 7 6 3
4 3 9 | 2 6 7 | . 1 .
. . 6 | . . 8 | 9 2 4
------+-------+------
. 8 5 | 9 3 . | 1 . 7
. 4 1 | 7 2 5 | 6 3 .
7 . . | 4 . 1 | 2 5 .
------+-------+------
. . 7 | . 1 3 | . 8 2
6 2 8 | . 4 . | . 7 .
. . . | 8 7 . | . . 6
```

MEDIUM - 58

```
5 9 7 | . . . | 6 2 3
3 . 4 | 5 7 . | . 8 1
8 6 1 | . 3 . | . 5 4
------+-------+------
2 8 6 | . 5 . | . . 9
7 3 9 | . 2 4 | 5 6 8
. 4 5 | . . 9 | 3 . .
------+-------+------
. 1 3 | 8 6 . | 2 . 7
. 7 . | . 2 3 | 1 9 5
. . 5 | . . 1 | . 3 .
```

MEDIUM - 59

```
9 7 5 | . 8 1 | . . 3
2 3 . | . . 5 | 1 8 6
. 1 . | . 2 4 | 5 9 7
------+-------+------
5 8 . | . 6 9 | 4 7 2
. . 7 | 4 . 2 | 8 . .
4 . . | . 3 7 | 6 . .
------+-------+------
3 2 9 | 5 . 6 | 7 . 8
7 4 1 | 2 . . | . 6 .
8 . 6 | 7 . 3 | 9 . 4
```

MEDIUM - 60

```
8 . 4 | . 7 . | 2 6 3
. 7 . | 4 8 3 | 1 . .
3 . . | . 5 6 | 4 . 8
------+-------+------
. 3 . | 7 6 8 | . . 1
4 . 8 | 1 . 5 | . . .
7 6 1 | 3 9 4 | . 5 2
------+-------+------
. . 7 | . . 2 | 5 8 9
. . . | 8 4 9 | 7 1 6
9 8 . | 5 1 7 | 3 . 4
```

MEDIUM - 61

```
7 4 2 | . . 8 | 1 9 6
. 3 . | . 9 . | 4 5 2
6 9 5 | . 2 . | 7 . .
------+-------+------
2 5 9 | 3 1 . | . . 7
4 . 1 | 6 . . | 3 2 .
3 7 6 | 9 8 2 | 5 1 .
------+-------+------
9 . . | 2 5 3 | 8 4 1
. . . | . . 9 | 2 7 3
. . 3 | . 4 7 | 9 6 .
```

MEDIUM - 62

```
9 . 7 | . 2 3 | . 6 5
5 . . | . . 1 | 3 4 7
1 3 . | 5 . 7 | 9 2 8
------+-------+------
. 9 . | 3 8 2 | . 7 1
2 . 1 | 9 . 6 | 8 . 4
. . 3 | 7 1 4 | . 5 9
------+-------+------
. 2 . | . 3 . | 5 . 6
3 5 8 | 6 4 9 | . . 2
6 1 . | . 7 5 | . . 3
```

MEDIUM - 63

```
. 4 3 | . . . | 6 8 5
5 . 1 | . . 6 | 2 4 .
. 8 6 | 9 . 5 | . 7 .
------+-------+------
. 9 2 | 5 1 3 | 4 6 7
6 . . | . . 7 | 9 3 .
7 3 4 | 2 . 9 | . 1 .
------+-------+------
4 2 . | 7 . 1 | 3 5 .
. 5 7 | . 2 4 | . 9 1
1 . 9 | . 5 . | 7 . 4
```

MEDIUM - 64

```
9 7 . | 4 3 . | . 8 .
8 4 5 | 7 2 1 | . 3 9
1 3 . | 5 9 8 | 4 . 7
------+-------+------
. 5 7 | . 1 2 | 8 . 3
2 . 8 | 6 . 3 | . 7 .
3 9 4 | 8 . 7 | . . .
------+-------+------
5 . 3 | . . 4 | 7 9 .
7 8 1 | 2 . . | 3 5 4
. 2 9 | . . 5 | . . 8
```

11

MEDIUM - 65

	5	8	9	7			6	
6	4	7	1	8			3	
3		2	5	4	6	1	7	
5	8	3			9	7	4	6
	2	6		5		8		1
		9			7	5		3
	3	4	7			6		9
9	7	5	6	3	1	4	8	
2		1					5	

MEDIUM - 66

	8	1		4	5		2	7
	7		6		3	5	8	9
3				8	7		4	6
	3		4				5	8
2		8		5		4	6	3
	6	4		9	8		1	
8		3	5	6	9			4
	2	5	8			4	6	9
9	4	6	1			2		3

MEDIUM - 67

1	3		4	9	5		6	7
9	4	6		7	8	2	3	5
		7	2	6	3		1	
	6	5	9		2	1	7	
7	9	1	8	4	6			
3		8		5	1	6		9
	1				7	4		
6	5	9		1	4	7	8	2
2							5	1

MEDIUM - 68

7	3			1		5		8
	5		7	8		2	3	4
4			3		5	7		9
9	6			4				5
	1	4			3	6	2	7
3	8	2	6			4	9	1
	9		4		6		7	2
2		3	9	7	1			6
	7	6		2	8	9	4	

MEDIUM - 69

7			6		1		9	
	2		7	4	9	6		
9	6				8	7	3	
	7					3	8	
3			5	9	7	2		
4	9	6	3		2	1	7	5
8	3	7	1	2	5		6	4
5		2	9	6	3	8		7
6		9	8	7	4		2	

MEDIUM - 70

	5	8	3	2				7
1	6		5		7		8	
4			9	8		6	5	2
6		5	1	7		8	9	4
	4	1	2	9	5	7	3	6
7	9				8	5	2	
	7			1		9		3
	8	9		3		1		
	1	4	6	5	9	2	7	8

MEDIUM - 71

6		5	2	8		1	4	
2	8	4	6	7			5	
		7	9		4	8	2	
7		2	5	4		6	8	1
	4			2	6	9		5
5		9			8		3	4
			8	6		4	1	2
4	2	6			5	7	9	8
	7	8	4	9		5		3

MEDIUM - 72

3	2		4					1
9	7				1	3		6
		8	6	9		5	2	
4	5		1		7	8	9	3
8	9	1	5	2		6	7	4
	3	7	8	9		5		2
	8		3	5	2	4		9
5	4	3				7	2	
	6	9	7				3	

MEDIUM - 73

2	6			7	3			
4	1	5		6	9	3	7	
3	9	7	1		8	6		
1	3			5			4	
	5		7	3	4	1	6	9
	4			1		5		3
5			4	9	1	2	8	6
	8	1	3			4	9	5
9	2		6		5			1

MEDIUM - 74

5	7		1		2	4	6	8
4	8	2	6	5	7	9	3	1
	3		8		9	5	7	2
	1			4		7	5	6
7	4	6	5	1		8	2	9
2			7	8				
9		4		7	1	6		5
	5	7	2	6			9	4
8					5			

MEDIUM - 75

9		6	4	2	5	1		3
	2		8				5	9
5	7	3	6		1		2	4
6		8	1			5	3	
4	5	7	3	8				
3	2	1	9	5	6	7	4	
	1		2	6	4			
	3	4	5	1			8	
	6	9	7			4	1	5

MEDIUM - 76

	1	3	6		2	5	4	9
	6	2	3					7
4	9	8	5	1	7	6	2	
	1		7	6	3			5
9				4	3			
3	4		1		5			8
1		9	2	5	8	7		
6		4	9	7	1	8	3	
2	8			3		9	5	

MEDIUM - 77

			3	8		5		
5	3	2			7		8	6
8	7	9	1	5		4	3	2
2	1	7		6	5	8		3
3			7	8				
	6		3		1			5
1		5		9	3	2		4
7	2	3	8	1	4	5	6	9
		6	5		2			8

MEDIUM - 78

	5	2	1	6		9		8
	1			9		6		5
9		4		8	7	3		2
	3	5				4		
4	8		9	2	3	5	6	
6		1		4	5	2	8	3
	4	3	2	7		1		6
1	2	9		5	8	7		4
	7	6	4	3				9

MEDIUM - 79

1	3	6			8	4	9	2
	7	9	4		2			5
2	5		3	6	9	1	7	
4	8						6	3
9	6	3		4	1		5	
5	2	7		9		8		1
		5	1	8		7	2	4
6	4	8	5		7	3		
		2			4	5		6

MEDIUM - 80

9	3	2			4	7		5
		8		2	5		1	3
1		5	7	3				
8					3		7	6
	2	7	5	6	1		4	9
	9		2		7	5	3	1
5			1	4	9		2	
4		3	6	5	2	1		8
	1	9	3	7	8	6		4

13

MEDIUM - 81

1			5			8	4	2
9					4	5	7	3
	4	5		3	8	6	9	
	2	3	9		6			5
7				8	3			
8		9	2	7	5	3	6	4
		4		5	1	9		7
	9		3	4		1	5	8
5	7	1	8	9	2	4		

MEDIUM - 82

4	8			6	3		1	
7	3	1		2		5		
	9	6	8			3	2	
	5	9	6	8	7	2	4	
	7			4	2		5	6
2		4	3	1	5		9	7
	3		2	9	8	4	7	
9		5	7	3	4	6	8	
8		7	1		6			2

MEDIUM - 83

8				7	3		2	9
1	6	9	5		8	3		
2	3	7	9			8		
	8	2		3	4	9	1	6
	1				5	7	4	2
		6	2	9	1	5		3
	9			1	2	4	3	
3		5	4	8			6	7
	4	1	3		7		9	8

MEDIUM - 84

8	9	4	7			5	3	
7		6				9	4	
3		5	4	9	8		1	
	3	8	2		7	4	9	5
		1	6		4		7	3
4	7	2	9			8	6	1
5					9	7	8	4
1	4	9			5		2	6
	8		3			1	5	9

MEDIUM - 85

		4	7	9		6	2	3
		6	5	8	3		9	
	3	9	4	6	2		5	1
6		5	9		8	3	1	
9	4	1	2	3		7	8	6
3	8	2		7	6	9	4	
				2	7		3	9
2	6	3	8				7	
5					4		6	8

MEDIUM - 86

	2		6	8				1
7			5		9	2		
		3	1	2	4	7	5	9
1	5	2	8	7		9	6	4
4	3	6	2	9	5	8		
	8		4	1	6	5		2
3	7	5					2	8
6	4		7		2		9	3
2	9	1				4	7	

MEDIUM - 87

4	6	2			9		5	7
	9		4		7	2		8
3	7			5	6	1	4	
8	4				5	9		3
2			9	4	3	6	8	
6	3	9	7			4		
	1	3	5			8	9	2
	2		3		8	7	1	6
	8	6	1		2		3	4

MEDIUM - 88

9	7	8	5	6	1	3		2
	2	6		3		8	9	
5	3	4		8	9	7	6	1
2	6		1		3	4		
3	1		9	4	8	2		6
	8			7		9	1	
6	5	2	8	9	4	1		
	4			2				9
			7	1	6	5	2	

MEDIUM - 89

		4	3	2				1
4				9	6		3	8
3	2		7			4		
7	9	3	2	5	1	6		
8	5		9		3		1	2
2		6	8	7			5	3
1	4		6	8	9	3	2	5
5	3		1	4		8	6	9
		8			5		4	

MEDIUM - 90

6		2	3			8	7	
4		5	7	2			6	9
8	7	9	5			3	2	4
3	5	8					9	2
2		7		5	3	4	1	8
	4	1	6	8		7		
	9			1			4	7
		4	2	7		9		6
7		6		3	9	5	8	

MEDIUM - 91

9	8	2	1	4	6	5		3
6	3		8	7	9	2	1	4
	4		5		3			8
8	5		2	3	1	7	4	
4	7			8			3	
1						8	5	9
5	9	4		1	8	3	2	7
	1	7	4		2			5
					7			1

MEDIUM - 92

			2	6	1	8		
	2	1		7	8	9	4	5
8	7	3				6	1	2
7	1		5		3		9	6
2	3	5		9		1	7	8
4		6	8					3
			1	3	9			4
3	6		7		4		8	1
1		7	6	8	2	3	5	

MEDIUM - 93

7	8	9		6			3	4
5	3	2	9	7	4	8		1
	6	1	8			9	7	
9	4		3	1	5	7	2	
					2		9	
	2	3	7	9	6		4	
2	9		5		7	6	1	3
6			1	3		2	8	7
3		7	6	2			5	

MEDIUM - 94

1		4	6			3		
5		7	3	4		6		
8		6		5	2	1		9
9	5		4	6		8	3	
6	7	8	9	1		5		4
	4	1			5	9	7	6
4	6	5		3	9	7		
7	1	9	5	8		2		3
2	8	3					9	5

MEDIUM - 95

2	1	9	7	5			6	
	5	3	9	6	4	1	7	
7	4		1	8		3		9
		4	2	3		5	8	
3			8	1			2	
6	8	2	4			9	3	1
5			6	9	1	2		7
		7	5	4	8	6	1	3
	6	1			7			

MEDIUM - 96

	1	6	3	9			5	4
2	3	5			4	1	7	8
	9		5		2	3		
	8	3	2	5	9	6		7
					4		3	2
6		4	8	7	3	1	9	5
9	6	8		1	5		2	3
3	4				8	5	7	
	7	2		3	6	9		

15

MEDIUM - 97

9	7	3			1		4	2
	2	1	5	9		7	6	3
4			2		3	8	9	1
2	3	8				4	5	6
7	1	4		3			2	
	9	5	4	2		1		
1				5	6	2	8	9
5		9	1		2		7	
	8		9		7		1	5

MEDIUM - 98

				4	6			3
7	6	3	8		1	9	4	5
4	1		7	9	3	8	6	2
1	7	2			9	5		
6	9	4				7	2	1
3	5	8	1		2	6	9	4
		6		1	5		8	
2		1		8		4		6
5	8	7		3				9

MEDIUM - 99

6	5			2	3	8		7
		7		9	5	1		
		9	7			5	4	2
			5	6	2			9
		2	3	1	9	4		5
5	9	1		7	4	6		3
4	1	5	9	3	7		6	
3	7	6	2			8	9	
9		8		5	1		7	4

MEDIUM - 100

5	1	9	8	2	6	4		
3	6	4		9			8	
8	7	2	3	4	5	1	9	6
6		5	4	7	3	8		1
2	3						6	4
7	4	8	6	1				9
1		3					7	8
9	2		7	8	1		4	
				3			1	2

MEDIUM - 101

1	9	5	4	6	2			
	3	8	7			6	9	2
6	2	7	3	8	9	1	4	5
3	5		6		1	8	7	
9	4	1	2	7	8	5	6	3
7	8	6		4				9
	7			2	6			
		9			4		2	
	6	4		5				8

MEDIUM - 102

	4	1		9		8	6	
7	9	6		3	8	4	1	2
	8	3	6	4	1		7	
8	2		3		7	1		
		7	2		9	3		
	3		8	6		5	2	7
9	6		4		3		5	1
	7		1	2	5	6		
3	1	5	9	7		2		8

MEDIUM - 103

3		4	2	1		5	6	9
8		9	7			4	2	
		6	4			3	7	8
4		8	1		2	9		
2	6				9		4	
5		1			4	6		2
		3	5	2	7	8	9	4
7		5	9	8	1			
	8	2	6	4	3		1	5

MEDIUM - 104

	2	5	6				9	
	3		8		9		1	2
1	9	6	2		3	8		7
	1		5	9	7	3	6	8
3	6	7	4	1		5	2	9
9	5	8	3			7	4	1
	4	1			5		3	
6		3		2	4		7	
	7			3		2		

MEDIUM - 105

```
1 . . | . 8 . | 6 5 9
. 4 . | 1 . 9 | 8 . 2
. 9 . | 5 6 7 | 1 3 .
------+-------+------
4 5 8 | . 7 6 | 3 . .
2 . . | . 4 5 | . . 7
9 7 3 | . 1 . | 5 4 6
------+-------+------
3 8 . | 7 . 1 | . 6 .
7 . 1 | 6 5 3 | 2 9 .
. 9 . | . . 8 | 7 1 3
```

MEDIUM - 106

```
3 5 4 | 6 2 . | 9 . .
2 9 . | . 8 7 | 6 5 4
. 8 . | . 9 5 | 1 3 2
------+-------+------
. 1 9 | . . 6 | . 4 3
. . . | 3 8 . | . 9 .
6 7 . | . . 9 | . 1 8
------+-------+------
4 . . | 6 2 8 | 7 . .
1 6 8 | 5 . 3 | 4 . 9
9 . 7 | 8 . 4 | . 6 5
```

MEDIUM - 107

```
8 . 4 | . . . | 1 . .
1 6 3 | . 4 . | 2 7 5
9 . 2 | 1 3 7 | . 8 6
------+-------+------
6 8 . | . . . | . . 4
3 . 1 | . . . | 5 . 9
4 9 7 | 6 . 2 | . 1 .
------+-------+------
7 3 8 | 4 1 . | . 5 2
5 1 9 | 2 . 3 | 8 4 7
2 . . | . 7 5 | 9 3 1
```

MEDIUM - 108

```
6 . 3 | 5 . 4 | 9 7 8
5 4 1 | . . 9 | 6 3 2
8 7 . | . 6 . | . 4 5
------+-------+------
3 5 6 | 8 4 7 | 2 9 .
. 9 2 | 3 5 . | . . .
4 . 7 | 9 2 1 | 5 . 3
------+-------+------
. . 8 | 4 7 . | . 5 6
2 . . | . 5 . | . . 9
7 6 5 | . 9 8 | . . 4
```

MEDIUM - 109

```
8 . . | 4 1 . | 5 9 3
9 . . | . . 3 | . 4 8
3 5 4 | . 9 8 | . 6 .
------+-------+------
. . 3 | 1 4 9 | . 2 6
1 . 2 | . . . | 3 7 9
6 9 8 | . 3 . | . 5 1
------+-------+------
2 1 5 | . 6 4 | 9 8 .
7 . . | 8 2 5 | . 1 .
4 8 6 | . 7 1 | 2 . .
```

MEDIUM - 110

```
2 . 6 | . 9 8 | 3 5 .
9 4 . | 3 7 . | 2 . 8
. . . | 5 2 6 | . 9 .
------+-------+------
8 . 9 | 7 6 . | . 1 3
6 3 . | 8 4 . | . 7 9
. 5 7 | . 3 9 | 8 . .
------+-------+------
1 . 4 | 2 8 . | 6 . 5
5 8 2 | . 1 3 | . 4 .
7 6 . | 9 5 4 | 1 . .
```

MEDIUM - 111

```
6 8 . | 5 4 3 | 9 1 .
3 9 . | . 8 . | 6 . 4
4 2 5 | 6 . 1 | . . 3
------+-------+------
5 4 3 | . 7 8 | . 6 .
1 6 . | 4 . . | 7 3 .
. 7 8 | . . . | 4 . 5
------+-------+------
9 3 . | . 5 . | 1 8 7
7 1 2 | 8 3 9 | 5 . 6
8 5 . | 1 . . | 3 . .
```

MEDIUM - 112

```
8 9 . | 1 3 . | 2 5 .
2 . . | 8 4 9 | . 1 .
1 3 . | . . 5 | 9 . .
------+-------+------
3 1 2 | 4 7 . | 5 . 6
7 6 9 | . 5 3 | 4 . .
5 4 8 | 6 9 . | 7 . 2
------+-------+------
6 2 1 | . 8 . | . 7 9
. 7 5 | 3 1 . | . 6 .
4 . . | . 6 7 | . 2 5
```

MEDIUM - 113

2		5					7	1
3		4	5	1	7	6		9
7	9	1	2				4	
	2	8	3	7	1	5		
1	3	7		5	4	2		6
5	4		8			7	1	3
	5	3			9		6	
		2	6			8	9	
9	7	6	1	2	5	4	3	8

MEDIUM - 114

1	4	6	9	2		3	5	
			1	8	6	2	4	
2	8	9		5				1
5		4	8		1			
6		3	2		5	1	8	
8	7	1		6			2	5
9	6	2		3		5	1	
7	3	5	6	1	4	8	9	
4	1	8		9				6

MEDIUM - 115

8	4	3	1	7	2	5	6	
	2	6						
9	1				4		8	
	8	9				7	1	
5	3	7	8	1	9		4	
		4		5	7	8	9	
	5	1	7		8	4	2	6
	9		5	2	6	3	7	1
6		2	4	3			5	8

MEDIUM - 116

4	9	1	5	7		6		
6	3					7	5	
5	7	2		8	3	1	4	
2	6	9	8	5			1	3
	8	4		3				9
	1	5	9		4	8		
	4	3	2	6	1	5	8	7
1		6	7		8			
	2	7		4	5	9	6	

MEDIUM - 117

		2	9	7			8	
3	7	6		5	8		2	9
8	5			3		1		
7	9	1		2		8	5	
	6	5		8	9		3	1
		3	7	1	5	2		
	1				2	3		8
9	2	8	3	4	7			5
5	3			6	1	9	7	2

MEDIUM - 118

2		6		7	3	1	4	8
	3		2	6	4		5	7
4			8	1	5			
9	2	5	6	3	8	4	7	1
3	1		5			8	6	9
8		7	1	4				
	9		4	8	2	5	1	6
5	4				6	2	8	
6	8			5		7		

MEDIUM - 119

	1	6		4		8	7	9
9		7		8	1	4	6	5
5		4	7	6	9	2	3	
	2	5	1	3	7	9	4	6
		9	8	5		3		2
	4					5	8	7
4					6	7	9	8
3	6	2		7	8			4
		8	4	1		6		

MEDIUM - 120

6	8		7	9	4	1		
5	1	2		8	6	7		4
4		9		2	1	8		6
	5		1		8	2		9
	7			3	9		5	1
1						6		3
2	4		9	6	3			7
	6	5		1	7		4	2
7	3	1	4	5		9	6	8

```
. 8 . | . 7 1 | 4 . 3
4 3 . | . 6 8 | 1 . .
9 1 2 | . . 5 | 8 7 6
------+-------+------
8 2 5 | . 4 3 | 9 1 7
7 9 3 | . . 2 | 6 4 .
. . . | 9 7 . | . 8 2
------+-------+------
2 . 9 | . 8 6 | . . .
. 6 . | 7 . 4 | . 9 1
. . 4 | 3 5 9 | 2 6 8
```

```
. 2 1 | 6 8 . | . 5 .
6 . . | . 5 . | 4 . 7
7 . . | . 3 1 | 2 6 8
------+-------+------
9 5 4 | . 6 3 | 1 7 2
8 . 2 | 1 7 4 | 3 9 .
. . . | . 9 . | . . 4
------+-------+------
5 . . | 3 1 8 | 7 . .
3 7 . | 9 2 6 | 5 4 1
2 . 9 | 7 4 . | 8 . 6
```

```
. 9 4 | 3 2 6 | 8 . 5
2 5 . | 9 1 8 | 7 6 4
6 . 1 | 7 . . | 3 9 2
------+-------+------
. 7 6 | 4 3 2 | . . 8
. . . | 8 5 6 | . . 7
5 . . | 6 . 9 | . . 1
------+-------+------
4 . 7 | 8 9 1 | . . 6
9 1 2 | . 6 7 | . . .
8 . 5 | 2 4 3 | . . 9
```

```
6 5 . | 7 1 . | 4 . 8
9 . 4 | 2 6 5 | 1 . .
3 . 7 | 4 8 9 | 2 5 .
------+-------+------
4 2 5 | . . . | 7 6 9
. 3 9 | 5 . 6 | 8 4 2
7 6 8 | . . 4 | 3 1 5
------+-------+------
8 . . | . 5 . | 6 2 .
. 4 . | . 9 . | 5 3 7
. 7 . | 3 . . | . 8 1
```

```
9 . . | 8 1 6 | 5 . 4
5 1 . | 7 3 . | 2 . .
. . . | 4 5 2 | 9 3 1
------+-------+------
. 7 5 | 1 6 . | . 9 2
. 9 3 | 5 . . | 6 . .
. 6 1 | 9 2 . | . . 3
------+-------+------
1 . . | 2 8 5 | 3 6 .
6 2 . | 3 9 7 | 1 4 5
. 5 9 | 6 . . | 1 8 2
```

```
1 9 2 | . . 5 | . . 8
. . . | . . . | . 9 6
6 3 8 | 2 4 9 | 5 1 7
------+-------+------
2 . 9 | 5 8 . | 6 3 .
4 1 6 | . . 7 | . . 5
. 8 . | 6 . 1 | 4 7 .
------+-------+------
9 . 1 | 4 5 2 | . 8 3
. 2 3 | . 7 . | . . 4
5 4 7 | 9 3 8 | 1 6 2
```

```
. 3 4 | . . 2 | 1 9 .
9 . . | 4 1 . | . 2 .
. 8 2 | 7 . 9 | 4 . 5
------+-------+------
5 . 1 | 3 7 6 | . 8 4
. 7 9 | 1 . . | . . 2
6 . 8 | 9 2 . | . 7 1
------+-------+------
4 1 3 | 2 8 7 | . 5 .
8 5 . | . 9 1 | 2 4 .
2 9 6 | . . . | 7 1 8
```

```
3 . 2 | 5 6 9 | 7 1 .
6 . 1 | 7 4 3 | . 5 9
. 7 5 | . . . | 4 . 6
------+-------+------
. 3 7 | 9 1 6 | 8 4 .
. 2 9 | 8 3 . | . 6 1
1 6 . | 4 2 5 | . 7 .
------+-------+------
. 3 . | . 7 . | 1 . 4
7 . 4 | . 9 2 | . 8 .
. 9 6 | 1 . . | 4 2 7
```

MEDIUM - 129

7	1	5	3	6	9			4
2	3	8	5	1	4	9	7	
9	6	4						5
6		9	1	3	8	4	5	7
8	7		4			2	6	3
	4		6	7	2		8	9
3	8		9		1		4	
	5		8	2		6		
1			7				3	8

MEDIUM - 130

	7		1	8	5		6	4
5	8				4	3		7
4		9	2	7		1	5	8
1	9	6	5				8	2
	2	7	4				9	6
	4			6		7		
6	1			4	9	8	3	5
7	5	8	3		1	6	4	9
	3	4		5		2		1

MEDIUM - 131

5	6	1	8			3	7	9
7	8		9			6		
2	9					1		8
6	7		3	5	8	4	9	
9	4	5	6		1	8	3	2
		8		4	9			5
3	2			8	7	5		6
		7	5				4	3
		5	6		3	2	9	8

MEDIUM - 132

9	1	7	6	2	4		8	
2	6			8	5	1		
	5	8	1			9	2	6
		5	3		8		4	2
1		2		4		7		3
3	4	6	7		2	8		1
	7			3				9
6	3	9	4	5	7			
	2		8	6	9	4	3	7

MEDIUM - 133

	8	4		7		1	5	
7	2	6	1	3	5		9	8
5	1	3	9	4		2	7	
8	9		7		6		4	5
6				8	3	7	2	
3		5						
		7	3	5	1	9	8	4
				6			1	2
		5	8	4	2	9	6	

MEDIUM - 134

2		5	4	1		7	6	9
			2	6		1	3	5
6	1	3			9	2	4	
8	7	4	5	3	1	6	9	2
5		2	8			3	1	7
		9	6	2			5	4
	2	1	3	4				
9	4		1		6	5		3
3		6				4		1

MEDIUM - 135

7	9	3	6	1	4	8		
	1	6		5	2	3		4
2	4	5	3		8	1		7
	3	1	9		7		4	
6	8	4	2	3	1	5		
		2		8		6		
1	2		8	7	3	4	5	
		8	5	2			3	
	5		1	4		9	8	

MEDIUM - 136

2	8	3			7	5	4	6
6	9	1		4	3			2
	5	4	6					
8	7	9		3	6	2		
1		5	8	7		3		9
			2	9			7	1
	1		3	5	9		2	8
9	6	8	7	2			3	5
5		2				8	1	9

MEDIUM - 137

8		5	4		7	9	1	2
7		9		3	2		5	
4	6	2	5		1	8		
9	4	1		8		2	3	
	2			4	3		9	
	8	3	7		9	1	4	
	9		2		8	7		1
	7		3	1	4		8	
1		8	9	7		3	2	

MEDIUM - 138

7	6	9			2	8	1	
5			1			7	9	3
	8			5	9		6	2
8	7	6	1		3		5	
4	3	5		9	7	1	8	
2		1			6	3	4	7
6	5	2		7	4	9		
9			8	3			7	
	4	7	9	6	1	5	2	

MEDIUM - 139

3	4	7	6	1	9		5	2
6	8	5		3		1		9
9	1	2	7	8		3	4	
8	2		3	7	6	5		4
7	9		4	5			8	
4	5	3			2		6	1
	6	4	5		8	9		7
2			9	4	7			
	7		1				2	

MEDIUM - 140

	2			4			6	3
	5	3	9	1	6			
6		1	3	2	7	8	9	
	2			9	1		7	6
4	9	7	2	6			1	8
1	6	5		7	8	3	2	9
9		8			4			
2	3	4	1	5		6	8	7
	1		7			2	9	4

MEDIUM - 141

8	2	4	3	1	7		6	
9	7	1		5	6	3		4
5					9	2		
2	4	7	6		3		5	
	9	8	1	7		4	3	2
1				4			7	6
3		9		2	8	7	4	
7				6	4	8	2	3
	8		7	3	1			5

MEDIUM - 142

9	7		1	4				
4		3	9	8	5	7	1	6
	5	8			7		4	
3	4	5	2	7		6	8	
	8	1	4	3				
6	9		5	1	8		7	3
8	6		7		1		3	4
	3	7	8	9	4			
	1		3			8	9	7

MEDIUM - 143

8	4	2		1	5		3	9
			8	7	9			
7	9	6	3	2		8	5	1
4				6	3			
5	1		4		2	6		3
6			5			4	1	8
9	5	4	7	3	6	1	8	2
2	7		9		1		4	6
3	6						9	7

MEDIUM - 144

1	5			6	8	7	3	4
	4		3		7	5		2
7	8	3		4	5			1
	7	1	6	3		2		8
8	3		5				4	
	2	4	8	7		3	5	6
4		5	7		9	6	2	3
3	9		4	2	6	8		5
		8			3		7	

MEDIUM - 145

3	6	8	4		7	5		1
		5	3	8	6			7
	7		1	5		6	8	
9		7	5	3		4		8
8	2	6	9					
5	3	4	7			9	1	
		9		4		7	3	6
	8	3	6	9			2	
6	4	1	2	7		8	5	

MEDIUM - 146

7		5	3	4	9	1		6
	1			5		7		
		3			1	4	5	
6		7	9	5	8	3	1	4
5	9	1	7	3		2	6	8
8	3		6	1		7	9	
1			8				7	
	7	8	1	9	5	6		
	5	6	4	7		9	8	

MEDIUM - 147

	2			7	8	9		6
8			1	5	6	2		7
6				4	9			
5		9	7			6	1	3
1	7		9	3			2	
2	3	8	6	1	5	7		
3	1	2	4	9	7	5		
	8	4		6	3			2
7	6	5	8		1	4	3	9

MEDIUM - 148

4	5	9	1		6			
1	8		7		3	4	5	2
7		3		4		6		1
			8	5	7	2	3	
5	3	2	6	1				7
8	6	7		3		1		5
2				6		7	1	
	7			8		5	2	3
3	9		2	7	1	8	6	

MEDIUM - 149

9	6	4	2	7	3			5
2	3	8			5		6	
7			8	4			3	2
4	9		6			1	3	5
5				3	2	8		
6	8	3		9	7	4	2	1
			1	2		5		
	2		7	5	4	6	1	
1	7		3	6	9	2	4	8

MEDIUM - 150

8					9			6
2		6			8	9	1	
3	9		6	2	5	4		7
	6		4			8	5	
4	2		9					1
9	7	5	8	3		6		2
	8	4	1	9	3			5
	3	2	5		7	1	9	4
5	1	9	2	6	4	3		8

MEDIUM - 151

		1				5	8	6
5		8			6	7	4	
	6	4	8	7	5	1		2
2	9		7				1	4
		6	5	9	1	3	2	7
3		7	4		2	8	9	5
	8	9			7		6	3
4		2		3	8	9	5	
	5	3	1		9	2	7	

MEDIUM - 152

	9	4			2	7	1	3
	5		4	1		6	9	8
6	3					5		2
5	4	9	7		8	3	2	
1	2	6					7	4
3	8		2		1	9		
9	7					1		6
	6	3	1	7	5			9
4	1		8	9	6	2	3	7

MEDIUM - 153

4	8	·	7	·	5	6	9	·
7	1	3	8	·	9	·	·	·
·	·	·	·	·	4	7	·	3
9	·	4	3	8	·	1	·	5
8	6	5	·	1	7	2	·	9
·	·	1	9	5	2	8	6	4
2	3	·	5	7	1	9	4	·
·	9	·	6	4	·	5	·	7
5	·	7	·	9	8	·	1	6

MEDIUM - 154

·	·	8	1	·	4	9	6	·
·	9	4	5	7	2	3	8	1
7	·	3	8	·	6	5	4	2
·	·	7	4	·	5	2	·	3
9	3	·	·	8	7	1	5	4
1	·	·	·	2	9	·	·	6
·	7	·	·	5	·	4	2	8
2	5	1	·	4	8	·	3	·
4	·	9	2	·	·	·	·	5

MEDIUM - 155

7	9	1	2	·	8	5	4	·
8	2	4	3	·	7	9	1	·
·	3	6	9	·	4	2	·	·
·	5	9	·	7	1	6	·	·
·	8	·	·	2	6	3	·	4
·	·	2	8	3	·	7	·	1
·	6	8	7	·	2	·	3	·
2	7	·	1	8	·	4	·	·
·	·	·	6	4	3	8	2	7

MEDIUM - 156

8	2	7	·	9	5	6	4	1
·	4	5	·	7	·	·	·	·
9	·	·	8	·	·	·	7	·
7	·	1	·	3	·	·	6	9
·	·	8	5	1	·	4	3	·
2	·	4	9	6	·	·	1	·
5	8	2	7	·	3	1	9	6
1	7	3	6	5	9	8	·	·
4	6	9	2	·	·	·	5	3

MEDIUM - 157

8	3	·	4	6	1	·	5	7
·	5	1	·	·	·	4	6	·
4	·	6	2	9	·	·	3	1
6	·	9	5	1	·	·	4	3
·	·	·	9	8	2	·	·	5
2	·	·	6	·	4	7	9	8
3	2	·	·	5	9	1	8	·
·	·	8	·	·	·	3	·	4
1	6	7	·	4	8	5	2	9

MEDIUM - 158

5	3	7	2	·	9	6	8	4
·	·	·	7	6	5	·	9	·
2	·	6	8	·	·	5	1	7
3	·	5	·	4	1	·	·	8
9	·	4	·	8	6	1	5	2
·	1	·	5	2	7	·	·	9
·	4	2	1	5	8	·	3	6
·	9	6	7	·	·	·	2	1
1	·	·	4	·	2	·	·	·

MEDIUM - 159

·	8	·	1	2	5	7	·	6
3	·	·	7	9	·	·	1	4
6	1	7	8	3	·	2	9	5
·	6	8	3	5	1	9	4	·
1	9	·	·	7	8	5	6	3
·	·	·	6	4	·	1	8	7
5	·	1	9	6	·	·	·	8
·	3	2	·	1	·	·	·	·
·	·	6	·	8	2	3	·	1

MEDIUM - 160

·	9	·	8	1	5	3	·	7
4	3	5	9	6	7	·	·	8
8	·	1	3	·	4	5	9	·
·	·	3	5	8	2	7	6	·
5	2	·	·	4	1	8	3	·
7	·	4	·	3	9	·	2	5
·	·	·	1	·	6	4	·	·
·	6	8	4	5	3	·	7	·
3	4	9	·	7	·	6	5	·

MEDIUM - 161

1	7	8		5	6	3	9	
3			8	1	9	6	7	5
			7		2		4	
6	9	3	5	7			2	
5		1	9	2	4	7	3	
2	4		3				1	9
	5	6	2				8	
4	3	9		8		2		7
	1	2	6	9	7		5	

MEDIUM - 162

3	4	1		5	7		9	2
7	9	2	4	8		1		
8		5		2				7
4			3	6	8			
5	2	3	7	9	1		8	6
	8	6	2	4	5		1	
1	7					2	5	
	3	4	5		2	9	7	
2			9	7	4	6	3	1

MEDIUM - 163

7			4	9	8	5		6
4	5		3		2	9		
8	2	9	5	7		1		4
		8	7	6	3		9	
5		7		2		6		3
	9		1	4				7
1				5	7		6	
3	6	2	9	8		7	5	
9			6	3	1	8	4	2

MEDIUM - 164

2		9	6	3	4			7
4	6	1	9			2	8	3
			2	8	1		4	
	1	8		4	5	6	3	2
7	4	2		1	6		9	
6		5		9	2	4	7	1
			1	7	3	5	2	
	2			6	9		1	8
1			4	2	8			9

MEDIUM - 165

	7	1		8	9	5		2
5	6	4	3	1	2			7
9	8	2		6			1	3
4	2	9		7			5	
	5	7	2	3	4	1		
1		6		5	8		2	4
			8				7	1
	1			4	5	2	3	9
7			6		1	8	4	5

MEDIUM - 166

		5	7	4	3			
	4			8		3	9	
6	3			1	2			4
	8	1			7	9	2	5
3	5		1	2	8	4	7	6
2	7	6	4	5	9	8	1	
						5	3	7
5	6	3	8	7		2	4	
		2	5	3	4	1	6	8

MEDIUM - 167

8	6		7	4		2		5
2	4	9		5			7	
7	1			6		4	8	3
9	5		6	3	7	8		1
			1	2		5	6	
			9		5	3		7
4			5	9	2	7		8
		8		1	6	9	3	
1	9		8	7	3	6	5	

MEDIUM - 168

3	8	5		2		4		7
	4		9	5	7	2		
7	9	2	8		3			5
2	7	9	3	6	8		5	
	3	6			4	8	2	
4	5		1	9	2	7	6	
		7	4	1	5			
				3		5		6
5	2	3	7	8	6	9	4	

24

MEDIUM - 169

	9	2	4	7		6	8	
	3	7	6		2		4	5
5			3		8	1		
7			8				6	
	4		5	6				1
6	8	9	7		1			
	2	6	1			7	5	8
3	7		9		6	2	1	4
4		8	2	5	7	3	9	6

MEDIUM - 170

6	4	5	9	1		8		
	9	8			7		1	5
7	1			4	8	9	6	2
4		7	2	5	6	3	9	
9	6	1					5	8
5	3		8	9	1	7		
		4		6	9	5		3
3	2		4				7	
1	5		7			3	6	

MEDIUM - 171

	6	3		5	9		4	
4	9		7				3	5
		1	3		8	7	9	6
3					4	5	1	8
2	1		9	8	7	4	6	3
	4	6	1			9	7	2
	5	7	8		6	3		
		2	4				5	
1	3	4			2	6	8	9

MEDIUM - 172

	8				1	3	2	
2	9	5	7			4		8
		3	2	8		6	5	7
9	7		6		8	5	4	
	3		9	7	5		8	1
8	5	1		2			7	6
3	2		1	6	4			5
5			8	9			3	
	1	9	3		7	8		2

MEDIUM - 173

	5	6		7	9	3		
3	7	9	1	5		2		
1		8				9	5	7
		7		2	1	4	3	5
		2	7		5	1	9	
	1	4	3	9	6			8
7	9	3	5			6	1	2
	8	1	6	3	7	5		9
	4	5				8		3

MEDIUM - 174

				2		7	4	
				1			2	3
	7	2	3				6	9
4		1				8	3	7
3		9	1		4	2	5	6
	2	5	8	3		9		4
1	3		2		9	7	5	
9	5	7	4	6	1		8	2
2	4	8	7		3	6	9	1

MEDIUM - 175

	2		1	7	8	6	5	
5					4		1	
	4	1		3		9	8	
2	5	7	6	9		3		
9	1		8		3	7		5
8	3		4		7	1	2	9
1		3	5	8			7	
4	9	5		1			3	
7	8	2	3	4		5	9	1

MEDIUM - 176

1	4		8	9			3	6
6	9	7	3	4	1			2
8		2	7		6	4		1
						5		
3	8	1				2		9
		6	1	8		3	7	4
9	1		4	2		6		7
	2		6		7	9	4	3
7	6		9	3		1	2	5

25

MEDIUM - 177

	5	7	3	9		2		6
				1				5
	6	2			7	4	9	
2	1	5		4		9	3	7
6	3	8	9				2	4
9	7	4	2	3		6	5	8
3		6		5	9	8	7	1
	4	9	8	1				2
5	8	1		6			4	

MEDIUM - 178

4	8	2	1	9		3		7
3			8	4		9		
1	9	5		7		4		
2	5	9		6	3		1	4
6	4		9		8			
7		8				4	6	9
8	3	1	4		7		6	
9	2	6		3	1	7	4	8
	7			8	9	1		2

MEDIUM - 179

6	3		5		2		1	9
9	5	8	6		4		2	7
4	2	1	7		9	6	5	
2	7					8	9	
				4		2		6
	8	6			1		4	5
	4			6	5	1	8	
8		9	1		3	5		4
5	1	3	4	7	8		6	2

MEDIUM - 180

		6		8			2	1
2	4			5	6			9
8			1	4	2			
1	6	4		2	7	3		
5	3	2	4	6		9	1	7
7	9	8	5	3	1		4	6
	1	7	8	9		5		
	8		2		5		7	4
4	2	5	6		3	1		8

MEDIUM - 181

8			6	1	9	7		
2			8	7				4
	9	7	2		3		8	
4			3	5	7			8
3	5	8		6		4	7	9
		2	4	9	8	3	1	5
		3	7	8	4	5		1
7	4		5	2	1	8	9	3
1	8		9		6			7

MEDIUM - 182

3	1		2	9	8	4		5
7		8		1		3	9	6
5	4		6	3	7		2	8
	9		7				8	3
2			1		3	5		
		5	4	6	9	2	1	7
1		3		4		8		
6	5	4			2		3	
9	8		3	5	1	7	6	

MEDIUM - 183

3	9		7			1	8	
			4				3	2
	4	1		5		9		
7				3	4	2		8
6	5	8	2	7	9	4		3
4	3	2		8		7	6	9
	2	7	3		8		4	5
	6	3		4	7	8	2	
1		4	5	2		3	9	

MEDIUM - 184

1	4		9	5	7	8	2	
	7	8		4	3		9	5
9	3	5		8	1			6
			3	9				4
5	9		7		4			8
8		4		2	6	7	3	9
4			8	7	2	3	5	
3	8	2	1	6	5			
	5		4			6		2

MEDIUM - 185

```
6 8 . | 9 5 . | . 4 .
4 7 5 | 1 . 3 | 6 9 2
. . . | 4 . 7 | . . 5
------+-------+------
. 1 . | 7 . 5 | 4 6 .
3 5 . | 8 . . | 9 1 7
. . 6 | . . . | . . 8
------+-------+------
1 3 8 | 6 7 9 | . 5 4
5 6 . | . 1 8 | 3 7 9
9 . . | 5 3 4 | 1 8 6
```

MEDIUM - 186

```
9 . 2 | 1 6 . | 4 8 .
3 . 6 | . . . | 1 7 2
8 5 1 | . . 7 | 9 . 6
------+-------+------
. 2 . | 6 1 4 | 3 . .
. . 4 | 3 9 . | 8 5 1
. . 3 | 7 5 8 | 6 . 4
------+-------+------
. 8 . | 5 3 . | 2 . 9
. 3 . | . 7 6 | 5 1 8
4 . 5 | 8 2 9 | . . .
```

MEDIUM - 187

```
1 6 7 | . 9 2 | 5 3 4
9 . 4 | . 5 3 | . 7 .
. 2 5 | 7 4 . | 8 1 9
------+-------+------
6 . 2 | . 1 8 | . 5 3
8 . 3 | 6 7 9 | 4 2 .
. 7 . | 3 2 5 | 9 . .
------+-------+------
5 . 6 | 9 . . | 2 . .
2 3 . | . . 4 | . 6 .
. 4 8 | . 6 1 | . 9 .
```

MEDIUM - 188

```
. 5 6 | . 2 9 | 4 1 .
2 4 7 | . 6 1 | 3 9 .
9 1 3 | 5 . 7 | . . .
------+-------+------
5 . . | 7 8 . | 1 . 2
4 8 . | 2 3 5 | . . 9
. 3 . | 1 9 6 | . 4 8
------+-------+------
. 9 5 | 7 . 3 | 8 . 4
. 7 4 | 6 8 . | 9 5 1
. . 8 | . . . | . 7 3
```

MEDIUM - 189

```
. 2 . | 8 6 7 | 9 . 4
8 7 . | . 2 9 | 3 6 5
. . 9 | 4 3 . | 7 8 2
------+-------+------
. . 1 | . . . | 5 7 8
7 . 8 | . . 4 | 1 2 6
2 . . | 7 1 8 | 4 9 3
------+-------+------
. 4 . | 5 7 2 | 8 . .
. . 7 | 6 4 . | 2 5 1
. 5 . | 9 8 1 | . 4 .
```

MEDIUM - 190

```
3 . 1 | 5 9 . | 4 . 2
. . 4 | 2 3 . | . 8 7
5 7 2 | . 6 8 | 9 3 .
------+-------+------
. 3 . | 1 . 6 | . 9 .
8 4 . | 3 . 9 | 7 . 5
2 . 9 | 8 7 5 | . 4 .
------+-------+------
1 . . | . 3 . | 8 2 4
4 . . | . 2 . | 6 7 3
6 2 3 | . 4 . | 1 5 .
```

MEDIUM - 191

```
1 6 . | 9 5 . | . . 3
4 5 7 | . 3 2 | 8 6 .
3 9 2 | . . 7 | . . 1
------+-------+------
2 8 9 | 4 7 . | 1 3 5
6 . 5 | . . 9 | 2 4 7
7 1 . | . 2 . | 9 . .
------+-------+------
5 4 . | . 9 3 | 6 7 8
9 . . | . . 8 | 5 . 4
. 7 6 | 5 . 1 | 3 9 .
```

MEDIUM - 192

```
4 8 . | . 9 6 | 7 3 5
. 6 3 | . 7 5 | 9 . 1
. 5 7 | . 1 . | 2 6 4
------+-------+------
. . . | . 3 . | . 1 8
7 . . | 6 . . | 4 9 .
5 1 2 | 8 . 9 | 6 7 .
------+-------+------
3 9 5 | 1 . 7 | . 4 6
8 . 4 | . 6 . | 1 5 7
1 7 6 | 5 . 4 | 3 . .
```

MEDIUM - 193

	2	7	5		3	9		
3	1		4	2	9	7	6	5
		5	6			2	8	
		3			6	1	5	
		1	3	9	7			2
4	6	2		1	5		7	
	8	4	7		2	5	9	6
	7	6			4	8		
5	3	9		6	8	4	2	7

MEDIUM - 194

6	8	4	3	9			5	1
				7		8	6	2
	2	7	6	1	8			4
7	5		9	6	3	1	4	
	6		4		7		2	3
4	3	8	2	5		6	7	
	7	1	8	4	6	3		
3			1	2	5			
		5	7	3	9	2	1	

MEDIUM - 195

2			6				5	1
	8	7	4		2	6	9	
5	6	3		9		8	4	2
4	9			2	3		7	
	2		9		6	4	3	8
3	1				4			6
9	7	1	2	8	5	3		
6	3	2			1	5	8	9
	5				9	2	1	7

MEDIUM - 196

7	6		3	2		1		
5	8	1				7		3
	2		1	8	7		5	6
2	3	7	4	5		6		1
	1	5		3	8	4		
	4	8	2		6		7	
3		6		4			1	7
8	5	4		7	1		3	9
1	7	2	8	9	3			

MEDIUM - 197

5	4			3	1	7	9	
	3	7		5	9	8		
	6	2	8	7		3	1	
7		4	9	8			5	
2		5	3		6		7	8
		6	7	1	5	2	4	9
			1		8	9	6	7
		9	5	6			3	1
6	7	1		9		5		2

MEDIUM - 198

	6	3		9		8	2	
5		4	8	3		7		6
9	8				5			3
	3			5	6	2	7	1
2	9	1	4	7	3	5	6	8
	7	5			8	3		9
	1	2		6		9	5	
3	5	9	1		2		8	7
		6		8		1		2

MEDIUM - 199

1	6				7	3	8	
7			1			2	6	9
8				3	9	1	4	7
		2		6	1	8	7	
			7	2	3	9		1
			5		4	6		2
4	3	1	8	9	5	7		2
2	9	8				5	1	
5	7	6	3	1	2	4	9	8

MEDIUM - 200

8	1	3		9				
	4		3	5	1	9	8	7
9		5	4		8	3	1	6
7	6		8	3	5			2
3			6		9	7		
	9	4	2		7	6	3	
4	5		1	7	2		6	
	2		9	8	4		7	5
1	8		5		3	2		

HARD
PUZZLES

HARD - 201

	8	6	1		3	4	7	
2	3		7		5	8		
7				8		1	3	
8	6	4					2	9
	9			6	2	7	1	8
1	7	2	8	3		6		
			3		8	2	6	1
	2	8	6				4	7
			2	7			8	

HARD - 202

1	2	7	8				4	5
	9		7	5		1	8	2
4	5	8	2	6				3
2	8				7	6		
7	1	9	6				3	
		6	1	8	2			
8			5	7		3		
3	7				6	8		1
9			2	3		5	6	

HARD - 203

8	2	1		9		5	7	3
	9			7		2		6
		5	2	3	8	9		
1			4	5		8	2	
5	8	4	1	2	7		3	9
	6	2	3	8				
		8	9		2		4	
		7	8		3	1	6	
2		6	7			3		

HARD - 204

		9	6	5			2	1
	2		3		1	7	6	
1	4	6	7					
		1		7	9	5	3	
	7			8		1	9	6
		5	2			8		
9	8	2	1			4	6	7
6					7		1	
4	1	7		5	2	9	8	3

HARD - 205

	5	4	1			6	3	9
8	7	3	5				2	
		1	4	3	2	7	8	5
		2			3		7	
3	6		8				9	4
5	8	9	7		4	3		2
1	4			7		9	5	
	2		3	4		8	1	
			6	5		2		

HARD - 206

3			7	2			1	6
7	2	8	1	6	3	5	4	9
6	4	1	8	9		2		7
	1			4			5	3
	5		2			1	6	8
8	7				1			4
	3				9		8	2
		2	4		6			
5	6	9	3				7	

HARD - 207

2			7	1		9	6	
7		4	6	5		8		2
		6	8	3			1	7
6	7	8	5			1		9
4	3	1	9	7	8			
5	2	9	4					3
			1		7	6	2	
1	9	2	3	8			7	
	6	7			5			1

HARD - 208

		8		1	4	5		
5	7		9	3		2		4
1			2	5	7		8	6
	3					6	9	8
2	6				9	7	4	5
4	8	9	7			1		3
6	1				2	8	5	9
9		7				1	4	3
8							7	

30

HARD - 209

	7		6	5	4		9	3
2	6	5	1			4	7	8
	4		7		2		5	1
	2	4		6	8	3		
	5		9	7	3	8	2	4
8		9					6	7
				1		7		2
		7	4	2		9	8	5
5					7	1		6

HARD - 210

	5				1	6		3
7	9		2	3	6	8	1	
1	3	6	7	8		2		
8	2	9			4	7		
4		5	3	6	2		9	8
	6		8	7			2	
9		7	6			4	5	1
6		3					8	2
			1		8	3	6	

HARD - 211

	6	2	7	9	5		1	
	7	8	6	3	1		5	2
		9		4				3
6	2	1		5		3		
9	4			8		7	6	
8		7		6		2	9	
5		3	4	7	8		2	6
		4		2	6	8	3	
		6	3					7

HARD - 212

	7	2	6	4	3			1
9	6	8	7	1	2		5	4
4		3	9					
6	9	4	2				1	
8	5		3	9			7	
3		7			8	4	9	5
1			5	7	6	2		8
							6	
7	8		4	2				9

HARD - 213

					7	6	9	1
9	6	7	4					5
	1	3	6	8		2	4	
1		5	7	6	4	9		8
6		9	2	1	8	7		3
	7			3			1	
2				7		8		
			1	9	3		6	
3	5	6	8	4				9

HARD - 214

6							7	
5	3	1	8	7		4		9
8	2	7	9			4	3	
	5		1			9		
9		4	7	2			3	5
2	1	3	5			7	8	
3		6		1		8	9	
	8	2	6	9		5		3
		5	2		3		1	7

HARD - 215

3						5		
2	4			1	3	9		8
8			2		5	1	7	3
5		4	3	6		7		1
		9		5			8	
	3	8	1	7		2	5	4
4	5	7			1			9
1	6	3		8				
9	8		5	3		6		7

HARD - 216

	3		1		4		8	9
8							1	
		4			7			
7	4	3	5	6			9	8
9	5		3	4		2	6	
2	6	8	9	7	1		5	
3	9	7	2	1	5			
	2		7		9	5	3	1
1	8		4		6		7	

HARD - 217

8	9	4		6	1	7	5	3
5	6	7						2
					5	9	8	6
		3			8		2	4
1		9	5				6	7
	2	5	6	3	7	8		
7			4		3			9
9	4				6	2	3	5
2	3	6		1	5		7	

HARD - 218

	2	1		7	3			
5		3	1					4
	8	9		4	6	3	1	
	7	4	6				2	
2	9			3	5	1		
	5			8	2	4	9	6
9		2			4		5	
	5	8	2	1			4	9
6	4		8	5	9		3	1

HARD - 219

	9		7					
6				8	9	7		
5		4	3		2	1		8
			8			6	1	5
7	8		6					
2		6	9	3	1	8	4	
9	2	7	1				8	
3	6	5	4		8	2		1
1	4	8	2	7	3		5	

HARD - 220

8	3	7		5	4	6		9
6			8	9			7	1
			2	7	6	8	3	5
	4		6	1				2
			8	9	5	7	1	
7	1	9			2			8
2	7	5			3		8	6
1			2					
	8				1	2	4	7

HARD - 221

	4			1				5
7	1		4			2	6	
3		9		2		1	8	
	3	2	1	7		4		
1		5			6	3		
8	9	4		6	2	5		1
	8	3	5	9		2	1	
	2			3	4	8		9
9	6	7		8			5	3

HARD - 222

4	1	7		3	6		5	9
6	9			8	7	2		
	8	3			5	6		
8	6	9		5	3	1	2	
1			9	6	4			
7			8	2	1			
				9		4	1	6
5		1	6			3		2
9	4	6	3	1		5	8	

HARD - 223

6		1	3	4		7	5	
4	2	7	5		9	8		
8		5	7	2		9		6
	4	3		8		1	9	
9	1		3		7		8	
	8	2				6		
3	7		9		8			1
1	5		2	7		4	3	9
2	6			1	3			

HARD - 224

2	5	8	9				4	
4	7	3	8	2			9	
1		9	4		7	8		
7	1	6	5		4			
3	2			8	6		7	9
		4		7	2		6	
	3	7	2	5			1	4
8	9	1	7				5	2
	4			6	1		3	

HARD - 225

5	1		3	6	4	8	7	2
2	7						1	6
4	8	6	2		7	9		
7	4	1				3	5	
8				2				
			4	8	5		6	1
6					2	1	8	
	2		5	3	8	6	4	
	5	8	1	4	6	2		7

HARD - 226

4	3	9		6				5
		8	4					
1	2	6	9			8	4	3
7						3		9
3	6			5		1	8	
	8	4		3		5		6
8	9				4	6	3	7
	4			8	7	2		1
2	1	7	3	9	6		5	

HARD - 227

	5		9	6	8			
6		2	7	1	4	3	9	5
		1		5				7
2	6		8	7	9		1	3
9				3	2		8	4
	3		5		6	2		9
8		7		9				6
5	4		6	2	1	7		8
3	1		4					

HARD - 228

4	9		5	1	6	3	2	8
	3		4	7	8	9	5	
5	1	8	9		3		7	
7								3
9	2		7			8	1	5
		1		6			4	
	6		2	4	7	1		
2			6	9				4
	4			8		7	6	2

HARD - 229

		5	9	1		7		2
1	9				2		3	
3	4		6			9	8	
8			3	9	7	2		
	6	9	2	5		3	1	8
		3	1					
4		8		2		1	6	
5		6		3	1		7	9
9		1	7	6	8	5		

HARD - 230

		7	3		2		5	1
2	3	5	4		9	7		
				5	8		2	
9	7	8	2	3	6		4	5
3	5		1	8	7	2		
		1						8
5			6			3	8	9
	8	3	5		4	6	1	2
		6	8	2	1		3	

HARD - 231

	5	6		4	7	2		
		2	8	6	9	7	3	
		7	5	2		1		6
5			2					
7		4			8		5	2
2		8	6	7	5			4
	2			5		6	7	
6	1						9	8
4	7	3	9	8		5	2	1

HARD - 232

8	4	7	5	2	3	9		
	5							8
6	9		1				7	
9	1		3	6		7	5	
2			8		1	6	9	3
5		6			7	1		2
4			2			5		
1	8		6	7	5	4	2	
7	2		4	3		8		6

HARD - 233

1		5			7	8	9	
9	8		6	5		3		7
3	2	7		8	9	6		
	4					9		
		2	8	1				
8	7				3		4	2
4	3				5		7	8
7	5	8	1	4	6	2		9
		9	7	3		4	5	6

HARD - 234

	1		4		5			
5		2	7	9			1	6
	6	4	3			5	8	
2		8	6			7	4	1
6	5			4	7	9	2	
		7	8		9			
	2	5				1	6	7
	7	6	5	8	1	2		3
		9	2			8		4

HARD - 235

	4	2		3	8	1	9	
1	7	3	2	9	4		6	8
	9	6			7			
2	8	7				3	1	5
9		4			3	8	2	6
3		5		1			7	4
			7	2		6		1
7				6		4		9
			4	8	1		5	2

HARD - 236

	9				2		4	6
	1	6				7	8	
	4		8	1				2
5			2	4	3	6	7	1
	3	7		5			2	
	2	1	6				5	3
1	6		4		9	5	3	7
8	5	3	7	2		9		4
9		4	3					

HARD - 237

6	5	9	4	7		2	8	3
	4		2		9	5	7	
1	7							
5			9	1	4	8	2	6
9	8				6	3		
4		6		3				
8	6	4		5	3	9		
7	1	5		9	2			8
	9		1	4		7	6	5

HARD - 238

		1		9		8	6	4
	6			2	1			
	5	7	4	6			9	2
		5		3	2	4	7	
	8				4	3	2	5
		3	5		7			6
9	1			5		2	4	7
	3	4		7		6	8	
	7	2		4		5	3	9

HARD - 239

	3		7	8	4		2	1
1		8	2	3			5	7
2	7			6	5	3	8	
7	4	2	3	9	6			
3		6		1				
				2	7	6	3	
5	8	3	4	2	1		7	
	2			7		8		
4	9				8	1		

HARD - 240

			1	8	9		7	2
9	1	3		6	7			5
7	2	8		5		1		6
		9		2			3	1
1			8			5		
		8	5	3	7		6	4
4	6	7	9		8	2		3
			7		2	6	4	
3	9					7		8

HARD - 241

7	9	4	5		6		1	3
6	3		7	9				2
8		2	4		1	9	7	
		6		7	2	3		5
5	2		3		9		6	
3		9				1		8
2	4	5		8	7			9
					5		8	7
9		7				4	5	

HARD - 242

5		4			9	8	2	1
		8		4	7		9	3
3			8				4	
	4	3			8	1		
	1			3			6	8
8		6	7	1		9	3	
	8		4		6		5	9
9	3		5	7	1		8	
4	6	5	9			2	1	

HARD - 243

		8	6	9				4
	1		5			9	8	
	9	1	3	7		5	6	
2			7	3		9		
9		3	6	8	5	4	7	2
4		7			1		3	8
1	9	6	5				2	7
7		8		9	6	1		5
	3		7		2			9

HARD - 244

	3		6	1		2		
7	2		3			4		9
5			2	4	9	7	1	
3		9	1	8		6	7	2
2	1		7	6		9		
	8		9			5		1
	6		2	3				7
	7		5	4		8		6
	3	6				9	2	4

HARD - 245

	2	8	6	9				7
	8	6		4	3	2	1	
4					2	8	6	5
5	2		6	8	1	7	4	9
3		1					9	
8	7		3		5			
9				7	1	5		
2	1		9		6			4
6	4	5		3	8		7	2

HARD - 246

		1	9	7		5	2	3
	9				2		6	1
5		3			6	9	7	8
7		9	4			2		5
1			6			7		
					5			4
	7	6	8	3	9	1	5	2
	8			1	7	3		
3	1	5	2			8	9	7

HARD - 247

	2		4	9	5	1	3	8
4				8	1	6		9
		1	6	7			2	4
1		3				9		
5	8		3	1		2	6	7
		6	9			3	4	1
7			8	6	9			
		4	5	3		8	1	2
3	5	8	1		2			

HARD - 248

7	8	3		4	2	9		
2			8	3	9	7		4
				7		2		3
1		5		9		6		8
	6						3	
8	3			6	1	5	7	9
6	1	2		8		3		5
3	7	8	9		5		8	
5	4	9		1		8		7

HARD - 249

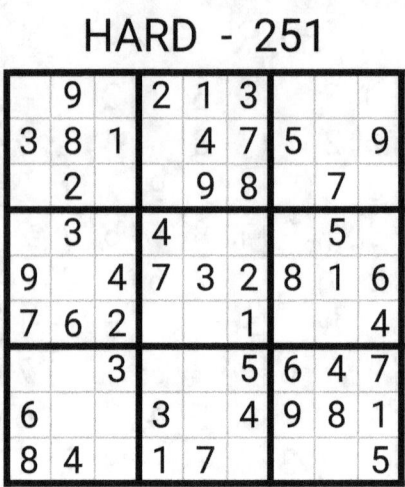

					3	9	2	1
	9	5	4	2	8		6	
2	3	7	6					5
9		3	8	6			1	
	5		7		2	6	3	8
8		2	1	4				9
	4	6	9	8		3		
5		8		7	4			
3	1	9		5	6		8	7

HARD - 250

9	8	1				7		
		7	1	9	5	8	6	4
4		6	8	2		1		9
8	4				3		7	
3			9	7		5	8	
7	6			8	1	3	4	
6	7	8	4			2	1	3
5		3	6	1				
			3	2	6		8	

HARD - 251

	9		2	1	3			
3	8	1		4	7	5		9
	2			9	8		7	
	3		4			5		
9		4	7	3	2	8	1	6
7	6	2			1			4
		3			5	6	4	7
6			3		4	9	8	1
8	4		1	7				5

HARD - 252

		6	4				3	
4		3			6	5	9	7
5		7	1	9	3		6	4
	4		5		9	3	7	6
	6		3		7			2
	3		6	4			5	9
8			2			6		3
3	2		7			9		
	5	1	9	3	4	7		

HARD - 253

4	7		2		3		1	
2	8	6	5	9		3		4
3			8	7	4		5	6
5		7	1	8		4		
8			9				2	7
		9		3	2	5	8	
1		2	4		7			9
9		4	3	1				
	3	8		2	9	1	4	

HARD - 254

	8				4	5	1	
2	1		5	8			9	
	9	4	2	3	1	8	7	
		9	3		5			1
	4	1		6	2			
3	2	5			9	4	6	
1		2		5	7	6		9
4	7	6	9			2	5	3
9	5			6		1		

HARD - 255

			3	4		8	1	
		2		7			4	5
3	4		8		1	7		
5	2	9		8	7	6	3	4
1	6			5				7
4	8		6			5	2	1
		4	5	6	8	1		3
6	5			9	3			8
	3			1		2	5	6

HARD - 256

8	2	7		6			9	1
		3		1	8		2	
4	1	6	9		2			7
	4			2		6		9
6	7	8		3	9		4	2
	5			4	6	7	3	
	9		8	1		2	7	4
	2	6					1	
1		4	2		5		6	

HARD - 257

```
. . 7 | . 9 8 | . 2 .
. 2 9 | . 6 3 | 8 . 7
3 5 . | 2 . 1 | . 9 .
------+-------+------
8 4 2 | 6 . 7 | 9 . .
. 9 5 | 1 . . | . . .
6 1 . | . . 9 | 4 7 .
------+-------+------
. . 1 | 3 . 6 | . 4 9
. 3 4 | 7 2 . | 1 . 8
2 8 . | 9 . . | 4 7 .
```

HARD - 258

```
. 1 4 | . . . | 3 9 8
9 . 3 | 1 2 4 | . 5 7
5 7 . | 3 9 8 | . . .
------+-------+------
. . 8 | 2 . 9 | 4 . 5
3 . 5 | 8 4 7 | . 2 6
. . . | . 5 . | 9 . .
------+-------+------
. . . | 7 . . | 5 6 .
. . . | . 6 1 | . . 2
6 3 7 | . 5 2 | 8 1 4
```

HARD - 259

```
. . . | 3 . . | . . 7
7 . 3 | 9 1 . | 2 5 .
4 . 1 | . . 5 | 3 . 6
------+-------+------
2 . 6 | 7 4 8 | . . .
1 9 4 | 3 . . | 5 . 2
8 . 7 | 1 5 2 | 6 4 9
------+-------+------
9 . 5 | 2 . . | . . 4
6 . 8 | . . 7 | 9 2 .
3 . 2 | 6 1 . | 7 . 5
```

HARD - 260

```
. 9 6 | . 2 . | 4 . .
6 2 7 | . 4 8 | 1 . .
. . . | 7 9 3 | 8 2 .
------+-------+------
2 7 8 | . 5 . | 6 1 .
1 6 . | . 2 4 | . 7 5
4 . 5 | 1 7 6 | 2 . 8
------+-------+------
3 . 4 | 2 6 . | . 8 9
7 5 6 | . . . | 3 . .
9 . . | . . 5 | . 6 .
```

HARD - 261

```
. . 3 | 7 . 5 | 9 6 .
6 . . | 2 3 . | 7 . 8
8 7 9 | . 1 . | 3 2 5
------+-------+------
4 1 . | . . . | 2 . .
7 . 2 | . 6 . | . 3 9
3 9 . | . . . | . . .
------+-------+------
9 . 1 | 8 5 2 | . 7 3
. . 7 | 1 . . | . 9 .
2 3 8 | 6 9 . | 5 4 1
```

HARD - 262

```
8 . . | 1 4 6 | 2 9 7
7 . 9 | 5 8 2 | . . .
. . . | . 7 . | 8 1 .
------+-------+------
5 . . | . . 4 | . 6 8
4 8 6 | 2 1 5 | 9 . .
. 7 3 | . . 9 | . . 2
------+-------+------
. 5 . | 4 2 . | 7 3 .
3 4 . | 6 . 8 | . 2 .
9 2 . | 3 5 7 | . . .
```

HARD - 263

```
. . . | 8 4 6 | 5 1 .
. 4 . | 7 2 1 | . 6 3
6 . . | 9 . 5 | . . .
------+-------+------
7 9 2 | . 8 . | . . 6
. . 6 | . . . | 1 3 8
1 8 3 | . 6 4 | . 7 9
------+-------+------
9 1 7 | . . 8 | 3 2 4
3 . 8 | . 1 2 | 7 9 .
5 2 . | . . 9 | . . 1
```

HARD - 264

```
. 8 5 | . . . | . 4 9
9 6 . | 1 5 8 | 7 . 2
3 1 . | . . 4 | 8 6 .
------+-------+------
. 5 6 | . 8 7 | 3 . 1
1 . . | 5 3 . | . 8 6
. 3 . | 6 4 . | 2 . .
------+-------+------
. . 3 | 9 . 6 | . . .
. 7 1 | 8 2 3 | . . .
. 9 . | 4 7 . | 6 1 3
```

HARD - 265

	7	1	3	5		8		6
5				2	8	9	4	1
		8		1		5	3	
2	1	9				7		8
				8			9	2
7	8		6	9	2	1	5	4
3	5				1	6		
		4	8	3	9		7	5
8	9	7	2		5			

HARD - 266

4			2		7	5	3	6
7	6		1		5		8	
	3					1	2	7
3	9		4			2	7	5
1		7		5				
5	4	6		2	8	3		1
2		4	9		1			
	7		8		3	9	5	2
9	8		5			7	1	4

HARD - 267

1	6		4	7	3	8		2
8	2	9	6		5	7		
7	3	4	8					1
	7		9			1	2	8
5	8			6			3	
	4							
4	5		2	9				6
	1	7	3	8		9		4
6	9		5	4	1	2	8	7

HARD - 268

3	1	6	9	7		5	4	8
		7		5			2	
4	5		8	3	6	7		1
9		5		1				2
	4		7		5	8		
			2	9				
6	3	4			9		8	7
	7	9	6	8	1	2		4
1				4		9	5	

HARD - 269

4	3	9	5	6	2		8	
	7		9	4	3	2	5	6
2		6			1	4	3	9
			4	7			6	
5	4		6		8		9	1
		7	1		9			
8	9					6	7	3
3	6			8	1		2	5
7	2			9				4

HARD - 270

	1	3	6	4		5		9
	9	6		8	1	4	7	3
2	7	4	5	3		8	6	1
		2		5		9		6
7			9		2	3	4	
9	6	5	3			2	8	
	2				6			8
				2		6		
6		8	1	9				

HARD - 271

	7		4		9	3	6	5
4		1			6	9	8	2
		9	2	8		4	7	
9		5			3	7		
2				6		8	5	
			5					3
7		3			2	6	4	9
5		6	3	7	4	2		
1	2	4	6	9	8	5	3	

HARD - 272

1	9	4			7			3
2		8						
5	3	6	2		1	9	7	8
9	5	7	4	2			3	
3			2	1	9		5	7
	6	1		7	3			
4	2					7	8	5
7	1		3			6	4	9
6			7	5		3		2

HARD - 273

			3	2	4	7		5
		4	6		9	1		8
9			5	1			2	
	9	2		4	1	5		6
7	4		8	3		9	1	
1				5	2	4	7	
4	3		2		5			1
2			4			3		
	5			8	3	2	4	

HARD - 274

1		7	9	5	4	2	6	3
3		9						
	5	4	7	2	3	9	8	1
	6			1	5	8	3	7
	3	8	2	6	9		1	5
	1		8	3			9	2
5	4	1			8		2	9
2			3	9				
	9							

HARD - 275

	9			4	5		2	
8	2		1		6	7		5
	3	6		7			8	1
3		2		8	1	9		
	7			2	4			6
6	1	8	5	9	7			2
7	5	3	4	1			6	9
4					3		7	
2	8		7				3	4

HARD - 276

	8	7		2		5		9
	6		8	7				4
	4	5	6	3	9		8	7
	7		3	5			9	1
9				8	6	4		
5		8	9	6	4	7		3
8	9	3	2					6
7		1		9			3	8
	5	4	1		3	9		

HARD - 277

	1	7	3		2			
6	3	8		5			7	4
	7	2		8	4	3	5	6
2	9	7			5		3	8
		6	8			9		5
8		5		9	3	7		
1	2	9				6	4	
5			9		1		2	7
7	8	4				5		1

HARD - 278

3		1	9	8	5		2	
8				6	2	5		
5	2	6		1				9
9		4		5	1		8	
1					7	4		
2			8	4	9	6	3	1
7	5		1	9	4		6	2
		9	2		8	1	5	4
	1				6		7	

HARD - 279

	4	1			8			5
5	8		7	6	3	2		1
2	6		5	1				7
4	3	5		7	2	1	8	
		8					6	2
		2	3		1	5		
3			8	2	9	4	1	
8		6	4				2	3
9			1		6	7	5	

HARD - 280

7		6	2	4			3	9
			9	3	1	5		
	1		7	5			8	4
	9	1	6			4		
4	7	2		9	5	8	6	
		5	4			7		
	6	7	8		9	3	4	5
9	8			1		6	2	
5				6			1	8

HARD - 281

4	8			7		3	9	
1		5	8	3	9	4	6	
9		3			2	8	1	5
6	4					5	8	
5	1		9	4	8			6
8	3			5	7		2	
3				9	1	2	7	8
	9	8		2				1
	5				6		4	

HARD - 282

7		8	4	3		1	6	2
			1		7		8	5
	3	1		8	5		4	
	4	7	6			8	5	3
1	6	5	8				2	
	8		9	5				7
			5	9	6	2		
3	2	6		4	1	5		
5			3	2	8			

HARD - 283

	4	9		8	6	2	3	5
		1	4	2			9	
			9	7	3		1	
	5	3	8	4		7	6	
		8	6	3	9	1		2
9	6	2		1	7	8		3
2	9			6		5	7	1
			2	9			8	
	8		7	5			2	

HARD - 284

7		6		2		4		9
	9		7		8		2	
2		8	6	4			7	3
	7	3	5			2		8
	4			8	7		5	
		2	9		3		1	4
	2		4		1	8	6	
9	6		8				3	
8	5		3		6	9	4	2

HARD - 285

4	7			1	6			
9	6	2		7	5		8	4
			2	9		6		7
6		3		4	7		9	
		9						8
	2			8	9	3	7	
3	4	7	9	5	8	2		
	1	6		2			4	
2	9	8	4	6	1		3	

HARD - 286

1	7		8	3			5	
	2	9	1	7	5		8	
	8	6	2			7		
6	4					5	2	3
			5	6			1	
		5	3		8			7
	9	3	6	2		1	4	5
4	6	1	9			2		8
7	5	2	4	8			6	

HARD - 287

9		3		2	8	6		
5			4	7	6	3	9	
6		7	9	1	3		8	5
3	6		2		4	1	5	7
2	8		3		7			9
		4		9				3
	3			6			1	
8			1	4		5	3	
1	9	6		3		7	4	

HARD - 288

4		5				9		8
6		8		9	7		1	
7	1	9	3		4	2		6
		4			8	6		2
		7		5	9	8		1
8						5	4	
9			7	4	1	3		5
	4			3	5		2	9
5		3	9	2	6		8	4

HARD - 289

```
7 . 9 | 1 . . | 4 . 8
. . . | . . 4 | 9 5 .
6 . . | 9 . . | 2 1 .
------+-------+------
9 2 5 | 3 . . | 8 6 1
. . . | . 6 1 | . . 4
1 . 4 | 5 9 8 | . 2 3
------+-------+------
. 8 . | 6 7 9 | . 4 5
5 . 7 | 4 . 2 | 6 8 .
. 9 . | 8 3 5 | . . .
```

HARD - 290

```
. . . | . 2 6 | 5 1 8
. . . | 4 . . | 7 . .
. 1 5 | 8 3 7 | . 9 6
------+-------+------
. 7 . | . . 4 | . . 1
5 4 3 | 1 6 8 | . 7 .
6 2 . | 3 . . | 8 5 .
------+-------+------
1 . 8 | 7 . . | 6 2 5
. 5 7 | 6 . 2 | 1 8 3
. 6 2 | . 8 1 | . 4 .
```

HARD - 291

```
4 5 . | 6 . 8 | 9 2 7
7 6 9 | 1 5 2 | . 4 3
. . 8 | 7 . . | 1 6 5
------+-------+------
. 3 4 | . . 5 | 6 . .
. 7 . | . . 6 | 4 . 8
6 . 2 | 9 . 4 | 3 . 1
------+-------+------
. 4 6 | . 8 3 | . 1 .
2 . 3 | . 9 . | 5 . .
. . 7 | . . 1 | 2 . 4
```

HARD - 292

```
. 7 . | . . . | 9 1 .
8 6 9 | 3 1 . | 7 . 4
. . 4 | . . . | 8 6 3
------+-------+------
1 . . | 2 . . | . 4 9
. . 3 | 4 . . | . . .
4 9 . | 6 5 1 | 2 3 7
------+-------+------
7 . . | 9 4 8 | 1 5 2
2 . . | . 3 7 | 4 . 6
9 4 1 | . . . | . 7 8
```

HARD - 293

```
2 8 1 | . 4 . | 7 6 .
3 4 7 | 2 1 . | 8 9 5
. . 6 | 7 . 8 | . 1 4
------+-------+------
. 9 3 | 1 6 2 | 5 . .
. . 2 | 9 . 3 | . 4 .
6 . . | . 5 7 | . . .
------+-------+------
1 . 5 | 3 9 4 | 6 . 7
. . . | 6 . 1 | . . .
7 6 . | 8 . . | 9 . .
```

HARD - 294

```
2 8 . | . . 3 | 5 7 9
1 . 6 | 5 . . | 2 4 .
5 . . | 2 4 8 | 3 . 6
------+-------+------
7 4 . | 6 . 1 | . 9 5
8 . 5 | . . . | . 2 .
. 1 2 | 8 5 . | . . 4
------+-------+------
6 5 . | . . 2 | 4 8 3
3 2 . | 4 8 . | . 6 .
4 7 . | 9 . . | 1 . .
```

HARD - 295

```
. 8 . | . 6 . | . 7 5
4 6 . | 7 5 8 | 1 2 .
. 9 . | . . 4 | . 3 .
------+-------+------
. . 9 | . . 2 | . 6 7
8 . 4 | . 3 . | . 9 .
3 7 6 | 1 9 5 | 2 . 4
------+-------+------
6 3 . | 5 . 9 | . 1 2
5 . . | 8 . . | . 4 3
9 . 7 | . 2 1 | 6 . 8
```

HARD - 296

```
1 3 . | . . 7 | 5 6 .
. . 5 | . . . | 1 4 7
7 . . | 1 . 5 | . . 9
------+-------+------
5 . 7 | . 8 2 | 9 . .
3 9 . | . 7 1 | . 8 5
. . 6 | 5 . . | . 7 4
------+-------+------
. 5 3 | 7 1 . | . 9 .
2 7 1 | . 9 3 | . . .
4 8 . | 2 5 6 | 7 1 .
```

HARD - 297

4				3	8		9	5
			5	6	2	1		
		7				8	2	3
2		5				4		9
8		9	4		7	2	1	6
1		6	3					8
	2	4	6	7		9	8	1
7	9	1	2	8	5	3	6	
			9	4			5	

HARD - 298

9	8	2	5		7	3	6	
			3			7		
3	7		6	2	4			1
	6			4	2	9		8
	2		7	9		6		3
1		7	8		3	4	2	5
8	3			5	6			
7		6		3		5		9
			4	7		1	3	

HARD - 299

8	5	2	9				4	1
	3		8		4			5
		6	5	3	1	8	9	
2		9					7	4
5	6	4			7	9		8
	3		4		8		5	6
6	4	1		8			2	3
	2	5		4	3	6		9
		9		5				7

HARD - 300

	6		7	5	3			1
	3		6	1		4	8	
1		5		4	9		3	
5		2		3	8	1		4
4	9	1	5		7		2	3
3		6					5	9
	5		4			3	7	
		9		7			1	
	1	3		8	5		4	6

HARD - 301

1					5	9		4
			4	1		7	8	5
5	7			8		6	1	2
9			7	1			4	
		7	4			1	5	9
	1	2		5	8	3		7
2	4		1	6	7			3
7			8	9		5		6
6			9	5	3	2		1

HARD - 302

3		8	7		6		9	
		5	3	1	9	4	8	2
		9		8			7	
	8	6	2			7		
2			8			5	6	1
1	5	3	6	7	4			
6	4	1		2	5	8		7
8			1			6		4
5			4	6	8	2		9

HARD - 303

	9	2			7		1	5
	4				6		7	8
7	6		2	8		3		
4		8		9				1
1				5	2	4	8	7
6	5	7		4		9	3	
	7	3			4	1	5	6
2	8		5		1		9	3
5				7	9	8	2	

HARD - 304

8	3	5	2					9
7		4	1	9		3	5	
	6	9		3	5	8	2	
	2					6		
9	8	6	5	7			3	
			6	8		3	9	
	8	7		6	9	4	1	
	4		7	8		5	6	2
	5		3	4		7		8

HARD - 305

	1		6	8		4	3	
		3			9	8	5	
	8		3		7			6
2	6	8	5	3				
	3	1	2			6		
5			1	9		3	8	2
	5				3	7		
3		2	9	4	5	1	6	8
8	9	4	7		1		2	

HARD - 306

		5		7	6	8		
3	6		1			7	9	5
8	4				9	6	2	
			2	3		1	8	
		6	9	1	7		4	3
	1		5		8	2	7	9
6	7		8		1		5	2
	8		3			4		
1			4	5		9	6	8

HARD - 307

5	4		9		1			2
9	7	1		2		4		8
3		2			4	1	9	7
8			3	4				
7	5			9			3	6
2	1	3	8				4	
		9			5	6		4
4		5	7	6	8	9		1
			4	1	9		8	3

HARD - 308

4	3	1	9	6	7	8		
5				1	4	7	3	
8		9			2	6	4	
1	5	8						2
	2	3		8		4	7	
	4		3	2			5	
	7			5			8	
2	9			7	8	5	1	
3			5	4		1	6	7

HARD - 309

			3	6		9	7	
	6	9		2		8	1	5
8	7	4	1		5			3
		8	9	6	7			
4		6	2	5			7	
	9		3	4		2	5	
	8	3			9	5		2
		7	5	8			3	9
		2		1		7	8	4

HARD - 310

3		9		4		5		1
2	4	6		8	5		9	
	1	8	3			4		2
4	5		8		9			6
9			4		3	7	5	
8	3	2	5	7			1	4
6	9	4	2				7	
	2		9	6	1		4	5
1			7		4			

HARD - 311

6	9		2			5		7
3	5			6				
1	8			9	5	6		2
4	6	9		2				
7	2		5	4	3		9	6
	3		9		6		8	4
	1	3	6			7	2	
	7	6		8		4		
8		5	7	1	2	9	6	3

HARD - 312

		5				1	7	
	9	6	5	2		3	4	8
8	4	1		7	3		5	2
1			3	4			2	9
6			2	1	7	8	3	4
	3	2		9		6		
		3	9			4	8	
	1	4		5	8			
	6		1	3			9	5

43

HARD - 313

7		6	5	1	8		3	
		5				7		8
4	8	2	9				6	1
	5	8		9		3		
9			7	8	1	6	5	
2			4	3	5		1	9
	4	9						3
5	2		1	4			8	6
8			3	6	9			5

HARD - 314

5	2	1	7			8	9	4
9		7	1		8	6		2
	6			2			7	5
2	8							9
1		6	3	8	9	2	4	
	9			2			8	6
6	9	2		4		5		1
7		5	9		1		2	8
		8		7		9		

HARD - 315

			3	6	2	8	4	1
2		3	1		8			5
4	8	1		9	7	3	6	2
		7			6			
			7			5	1	6
				1	5		2	7
	4	8	9	5	1	2	7	
	1	5		7			8	
7	9		6	8			5	

HARD - 316

9				4	3	1	7	2
1	6		8					4
	3				1	9		6
8	2	3		7	5			1
5		1	3	2		7		
6		4	9		8			5
	4			3	9			7
	9			8		2	6	
3	5	8	7	6	2		1	

HARD - 317

1	5		3	8	6	4	2	7
6	4		9	7			5	3
7						9		
3	1			2				
	7			5	8	3	6	
8	2	6	4	3	9			5
	9	7	8	4			3	
	8	3	7	6				4
			2		3	5	7	8

HARD - 318

1	9		6	8	5	4		3
		8			2			7
	2	6	4	7	1	5	9	
8		3			4	9		
6	4			9	7	3	8	2
2	1			5	8	7	6	
				3				
9		1		2	6		4	5
7	8				9	1		6

HARD - 319

	2	5	6	9	3	7	1	8
9	6				1	5	4	2
			5			6		3
6	8		3	7			2	
3		7	2			9	8	
5		2		6	9	4		
	5				7		6	
7	9		4	2	8	3	5	1
		8	9			2		4

HARD - 320

8		5			3	7		2
7	1	6			9		5	
	2	3	4		7	6	1	8
				9	4	2	6	7
	7	4	1		2		8	
6				8	5	3		1
	7				1		3	6
	6			3	8	5		4
4			5	7	6		2	9

44

HARD - 321

8	5	3		7				
		1				8	7	5
7		4		5		9		3
	1	7	4	8	5			
6			2	9				7
2	8		7		6	4	5	1
	3			4	7	1		8
		2		1	8	7	3	6
1	7		6	2		5	9	

HARD - 322

5	1	8	7	9	4	6		
	9	4	6		3		1	8
		6	1	5	8	9		
8	7	5	3	4		1		9
9	6							4
4	2			6		7	8	
1		7	8	3	6			2
6					9			
		9	2		5		7	

HARD - 323

		3	6		4		5	1
		9	3	2	1		4	
	2	1		8				3
9		7		5	6	1		
2	4	5	9		8		6	7
8	1				3	5		
	5		8		2			
	9		1	6		4	7	2
	7	2	4	3	9		1	

HARD - 324

8		3	4	2	5	7		9
						3	4	5
		4	6	7	3		2	8
4				9		5	2	
1		9		5	6		3	7
2			3	4		9	8	
3	2			6		8	9	4
		1			4	2		3
		8	9	3		5		6

HARD - 325

3		8	5	7	1		6	9
1	6			3				
5			8	2			1	3
6			7	1		9		
	2		6	3		1	8	
	8	1	2	9	5		4	
2	9	3	1	5	6		7	4
4	5					6		1
8				4		5		2

HARD - 326

	8	1	5		6			7
	3	2			1	4	5	9
5		7		9	2	1	6	8
	6	5		1		3	2	
	9		2		5		8	1
1		8	4	6		9		5
		3			9	5		6
8	5	6					9	
	1	9		5	7			3

HARD - 327

8	9	1		4		5		6
	6	2					1	
	5		1	8		4		9
	8	7	4	9			3	2
	2	9	6		8		4	
6	4		3		2	1	9	8
		8		6	4		5	
5		4			9		6	
9			5	2	1	3	8	4

HARD - 328

6		8	7			4	2	
	1	5	6				8	7
	7	4			8	5		
7		1			6		4	
9	3			7	4	6	5	
	4	6	9		5	2	7	1
	2	7	8	6		1		4
	9	5					3	2
1	8	3		2			6	5

HARD - 329

1	2	3	4	5	6	7	8	9
	1		8				6	9
9		6		7	3	8	1	
			6			7	5	4
7		9		4	8	5	3	1
			3	5		9		7
3	8	5		1		2		6
	7					6		
		3	7	6	4		2	8
	2	1	5	8			7	3

HARD - 330

1	2	3	4	5	6	7	8	9
	7	9				4	8	1
3	1		4			5		
		8	5	9				3
1	5	7		3	4	2	9	6
2		3	9	5		1		
	8	4	1		6	7		
		1	7		3		5	2
8		2					1	7
7		5		1		8	6	

HARD - 331

1	2	3	4	5	6	7	8	9
1		4	6	8		5		
8	7			3		1		9
		3	1	5		4	7	
	8	2		7				
4	1	9	8	6	3			2
5	3			2	4	6	8	1
9	5	1		4	6	8		
	4	8	3		5	2		6
				1	8		4	

HARD - 332

1	2	3	4	5	6	7	8	9
5		9			4		3	
7			5	9		8	4	2
		8		6		9		1
	9	2		4			7	3
6		4			7	1	9	
1		3	9	8	5	2		
				3	6	7		
	6	7			8			9
2	3	5	1	7	9	4		6

HARD - 333

1	2	3	4	5	6	7	8	9
2	1		6	7	8			
7	3	6	5			4	1	8
		5	4	1				
3		1	2	5			6	7
			3	8		2	4	5
5		2	9			8	3	
6	7	9		3	2	1		
		3	7		5		8	9
			1			3		2

HARD - 334

1	2	3	4	5	6	7	8	9
8	5		2	6	1			
3		1			7	4		
	9		5		4		8	
	1	9	7			2	3	6
7	2		3			8		
6	8	3		1			4	7
5	3		4	8				2
9	4		1		5	3	6	
	7	8	6		3	9	5	4

HARD - 335

1	2	3	4	5	6	7	8	9
1		4		5	7		6	8
		6	9	1			3	
5			6	4	8	1	7	2
	1			2	5		9	
4	9	8				2	5	3
2		5			3		4	
		1	2			7	8	5
			5	3	1	4	2	9
		2	7		4			

HARD - 336

1	2	3	4	5	6	7	8	9
		7	8	4	9		6	2
3	6	9	7	1	2	8	5	4
4		2						1
	5	2		6		3		
	9	8	4			1	2	
7			5	9	8	1		6
2	3	4			5		9	
9		6			7	4	5	
8			9			4	5	

46

HARD - 337

4	7		5			2		
		8		1	3		4	9
1	6	9	8	2	4	7	5	
9	8		6			4		7
2			9			8		
	4	7	2			5	6	1
6				7	2			
8	5			9	6	3		
7			4		8	1	9	6

HARD - 338

				8	1	3	9	
1		2	6	5			7	4
9	7		3	2		5		
8			2		3			
2		7	1	6		4	3	8
6	4		8	9	7	2		1
5			7			6	4	
7				2		9		5
3		9	4	6			2	

HARD - 339

8	6		3		1	9		5
4		7		9	2			1
9	1	5	7				3	
6	7		2	5				
				7	4	2	5	6
2	5	8	6		9		4	3
3	4	1	9					
	8				7	3		4
7	2					5	1	8

HARD - 340

		6	3	9		8	4	7
	2	8		4	5		6	
	3			6	7	2		
2	7		4				9	3
	8			5	9			1
9	1				3			
	4			8	6	1		2
	9	1	5	2	4	7	3	6
5		2		3	1	9		

HARD - 341

	8	1		3		4	9	2
5	4	7					3	
	2	3	4		6			7
	5	9	3	6		2		
		6			5	9	4	
			7	4	9		1	6
	7			2	4	3	6	9
	6			7	8	1	2	
1	9	2			3		8	4

HARD - 342

		8	2		7	4	5	3
2				4	3	1	7	
4			1	5				9
			5	2	9			
3	2			6		7		5
	5			7		2	9	
9	8	6	3	7		5		
5		2	4	8	6		3	7
7	3	4	9	1		8		

HARD - 343

2	9		4	3		5	1	
	1		6	2		3	7	4
3	7	4	5		1	6		9
	5		3	9		1		
1				5		3		
9			2		8			5
8		1	6					3
6	4	5	8	3		2	1	
7	3			2				8

HARD - 344

3			8	4				2
	2	6	3				9	
	8	4		9	6		5	
		3		7	8		2	6
	7					9	4	
6	9	8		2	4		3	7
			4	1	5			
		5	7	3	9	4	8	
9	4	1		8	2	3	7	5

HARD - 345

		6		1	7	9	5	
3		4	8		5	1	6	
	5			6		3		8
4		7	9		3	2		1
		2	6			5	9	
9	1		7		8	4	3	6
	4	3	1			9	8	2
			2		6	7		3
	2	8	5	3				9

HARD - 346

	3		2					
2	1	6			9	8		3
9			3	6			1	
6	2	1	8	5			3	7
3	7			9		2	5	8
	5		7	3		4	6	1
5	6		9	2	3	1	8	4
1		2	4		5		7	
			6		7			9

HARD - 347

	4	8			5		6	
5		7		8				
1	2			9	6	7	8	5
8			7	4	3	5	9	
	3	4	2				1	
2		5	8	6				7
		1				9		4
6	7	9	5		4	3	2	8
4	8	2	9		7	6	5	

HARD - 348

6	5			3			9	
8		3			7	2	1	
			9		8	3		
4	8	9	3	7	1	6	5	2
1	2	7		9	5		3	
5			8		2		7	9
		5	4	2	9		8	
7	4			5	6	9	2	
	6	2		8				

HARD - 349

2	6					9	1	3
	5	7			9	2		6
3	9	8	1		6			
9		3	4	1	2	7		5
	7		8	6	3		9	2
	2			9	7		3	
5	3	9	2		1	6		7
	1	2		7			5	
		6					2	

HARD - 350

4			9	3	2	8		6
3	2	8				1	4	9
		9			4	3	7	2
2		6				4	9	
	4	3			1	5	2	7
	7	1		4	9			
		2	5			7	6	
	3			2	8		1	
		5	4	9	7	2	8	3

HARD - 351

8	2		5		6	9		1
6	5			2		7	4	8
		9		1	8	2	5	
5			8	6	2			
		4	1			6	2	5
2	9		4		5	1		3
				3		5		
3	6	2	9		4			7
		5		8	7	3	9	

HARD - 352

1			8			4		
		6		2			5	
	5			3	4	8	6	7
6	8		2	7	3	1	4	
2	1	7	5		6		3	8
4		5	9	8	1	7		6
		1	4	5	7	3	2	9
		8			2		7	
7	2			9		5		

48

HARD - 353

9	3			8			1	7
	6		7	3				
7	2					3	6	8
	8	9	3	5	7	1	2	6
3			8	6		5	9	
		6		4				3
	9	3	5			8		
6			8		1	2	7	
1		7	4		8		3	9

HARD - 354

	1	6			8		4	
5	2				4			6
4						1	2	
1		2			7	3	5	8
7		4		3	5		9	1
8		5	9		2	4	6	
2		8			6	5	1	
3			2			6		4
6	4	9	7	5	1		3	

HARD - 355

		4	5	1	7	8	6	3
7	8			3	6		1	9
				8				
3		8	2			6	9	
	6	9					2	
	1	2				5	8	
9			7		3	1	5	8
1	4	7		2	5	9		
		3	6	9	1	7	4	2

HARD - 356

6	1		8		4	3	7	
3	4	8	7	6				
5		7		1		8		
4	7		1	8	2			3
	9			5		6		
8	5	3		4		7	2	
	6		5		8	1	9	
9		2		7	1		8	
1	8			2		4	3	

HARD - 357

6	2	9	7		3	8	4	1
3	5		8				2	7
7	8	1	2	9				3
			6	8			1	
		8			5		7	6
5		6		2	7	3	8	9
4	7	2		3				
1		5		4			3	
	9		1		2	5	6	

HARD - 358

	1	5	2	8		6	7	
4		2	3			5		
			5	4		2	3	9
5		8	7	2	3	9	4	1
1	3				5			7
	2	4		9			6	5
9				3				
2	5		9		7	4	8	
	7	3		5	4		9	2

HARD - 359

	8				2		4	6
3		5			7		2	
	7	2	6	9	8	5	1	3
	2	6			5	4		
1			7		6	8		9
7	5	9	8			6		2
		8	5			1	6	4
6	1					2		5
5	9					3	8	7

HARD - 360

3	2	5		9			6	7
		9	3	6	2	8	5	
		1	7		4			9
9	7		6	8	5			2
5	6		9	3	1	7		8
8	1			4			9	6
			7	3				
4	5	6		2		1	7	3
		7	4				8	

49

HARD - 361

	4	8	9		7	2	1	6
			8					3
	1	2	4		5		8	
8		6		1		3	2	4
			5	8	3		7	
	7			4		1		8
1		4		7	6			5
	8		3	9			6	1
6	3	7	1	5		4	9	2

HARD - 362

			3				1	
	4	5	6			9	2	
1					7		4	3
5	4	2		7	3		6	9
9				2		4	3	5
3	6	8		9	5		7	1
7	9		6	3				4
4			7	5		3	9	6
6					4	7	5	2

HARD - 363

	1	4		5	6	7		
		8	9	1		3	5	4
9					3	6		
		2	1			5		7
5	4		6			1		9
1	9			8	5		4	
6	2		5	4	9	8		1
7	8		2			4		5
		5	1	3	7	8	9	

HARD - 364

6		1	7	3	8	9	4	
	8	3	1			5		
	9	7		6		3	8	1
8		9	5		4		1	3
	1	5			3		6	
3	2			7	1	8		
9							5	
5		6		8	2	1		7
	7	8	3		6		2	9

HARD - 365

	3		1	8		6	4	
9		6	3			8		5
	5			6	4	7		2
	8	2			1	9	6	
	6	9	7	4	8			
5	7			2		3	8	4
	9	3	4	1	7	2		6
		4	8			1		3
	1		2	9		4	7	

HARD - 366

2		9	5			1	3	4
6		3		4		9	8	2
		1	9				7	
1		2		7	4	8		9
5		8	2		3	7	6	1
9		7	8		5		4	
3	2	5		6	8			
8		4					1	6
			5	9		3	2	

HARD - 367

6		3	1	4	7	2	9	5
9	1	2		3		8		7
5		7		8			6	3
2	6	4	8			5	7	
3	9			5				8
		5		9	6		1	4
		8	4		1	9		
1		6	3		9		8	2
				6			3	1

HARD - 368

		9	6					
6		5	2	1	3	7		9
7	3	1				2	5	6
1	2	4	3	5		8		
3	6		7	4	9			
			8	2			6	3
			3				4	8
	6		5		2	9	3	1
8		3	1		4	5		2

50

HARD - 369

```
. 3 7 | . 4 . | 6 . 1
. . 5 | 8 6 9 | 7 . 3
. 4 . | 3 7 1 | 2 . 8
------+-------+------
. 8 9 | 6 5 . | . . .
. . . | . 1 . | . . 5
. 5 1 | . 2 . | . 6 7
------+-------+------
5 . 8 | 1 . 7 | 3 2 4
. . 3 | 4 8 . | . 7 6
4 7 2 | . 3 . | . 1 .
```

HARD - 370

```
. . 1 | 9 6 7 | 2 . 4
9 . . | . 3 . | . 7 .
6 . . | 2 . . | 9 . .
------+-------+------
3 6 . | 8 2 . | 7 1 .
1 8 9 | 3 7 4 | . 6 2
. 2 . | 6 1 . | . 4 .
------+-------+------
2 . . | 4 . . | 1 3 7
. 1 6 | . 3 . | 8 9 .
7 . . | 9 8 . | . 2 6
```

HARD - 371

```
8 5 7 | 2 . 3 | 1 . 6
9 . 4 | . . . | . . 3
. 6 3 | 8 9 . | . 2 .
------+-------+------
2 . 8 | . . 9 | . . 7
5 4 6 | 1 . . | . 3 .
3 7 . | 6 . 4 | 2 1 5
------+-------+------
. 2 . | 5 3 7 | . 6 1
7 . 1 | . . 8 | . . .
6 3 . | 9 . . | 1 4 7
```

HARD - 372

```
. . . | 1 . 4 | 6 . 2
. 1 . | . 9 . | 4 3 5
. . . | 5 2 6 | . 8 .
------+-------+------
5 . 9 | . . 2 | . 1 .
2 . 7 | 4 . . | 3 5 9
1 4 8 | 9 . . | . 6 7
------+-------+------
. 2 1 | . 6 . | 7 9 8
9 . 3 | 7 4 1 | 5 . 6
7 . 6 | 2 8 9 | . . .
```

HARD - 373

```
9 6 3 | 5 . 4 | 8 . 2
2 . 7 | 9 1 . | 3 . .
4 1 8 | 3 2 . | 9 7 .
------+-------+------
. . 5 | 6 . . | 4 9 1
. 7 . | . 4 9 | . 3 .
8 . 9 | . . . | . . 7
------+-------+------
. 3 2 | . 9 . | . 5 4
. 8 1 | . 5 . | 6 2 .
5 9 . | 7 6 . | . . .
```

HARD - 374

```
1 3 8 | 9 7 . | 5 4 2
. . . | . . 5 | . 6 9
5 . 6 | 2 . . | . . 3
------+-------+------
6 5 2 | 3 . 7 | . . 8
8 7 . | . 2 . | . . 6
. 1 3 | 6 9 8 | . . .
------+-------+------
. 8 1 | 4 . 2 | . . 5
3 6 . | . 5 . | 8 . .
. 4 5 | . 8 3 | 6 . 1
```

HARD - 375

```
3 . 5 | . . 4 | . 1 9
9 2 . | 7 5 . | . 4 .
1 4 . | 3 . . | . 7 .
------+-------+------
. . 9 | . . . | . . 5
8 1 7 | 2 3 5 | 9 . .
6 5 2 | . . . | 3 8 .
------+-------+------
. 9 4 | . 6 7 | 1 3 .
. 6 3 | . 1 . | 4 9 5
5 8 . | 9 . 3 | 7 2 .
```

HARD - 376

```
6 8 5 | 7 4 2 | 1 . .
4 9 . | 3 6 1 | 2 . 5
. . 2 | . . 8 | . . 7
------+-------+------
9 . 4 | 2 . 6 | 5 1 8
8 6 1 | . 5 . | 3 . 2
. . . | 1 . . | . . 4
------+-------+------
7 . 9 | 2 . 4 | . . 6
2 4 . | . 1 5 | 9 . 3
. . 9 | . 7 . | 8 2 .
```

HARD - 377

6		2	5	4	8			3
9					3		5	7
8	5		7				4	
5	3	1	8	2	7	4		
4	9	7	1		6			5
	6		9	5	4			1
	4				9	1	2	8
	8	6	3		2	5		4
1				8		7		6

HARD - 378

	8		6		3	7	5	
4			5	7	9		1	
		5	8	1		3	9	6
		4	9	3	2		7	1
3				5				
	9	7	4		6			5
7		8	1	6	5		2	3
	1		2	9		5		8
5	2		3	4	8			

HARD - 379

1			8	2	3			5
		8		7	6	1	3	2
	3		5	9	1	8		6
	8		7	5				
		1		3	2	9	8	7
			9			5	6	4
2	1	9			5	6		8
6	4	5	1	8	7	3	2	
8						4		1

HARD - 380

		4		6		7		
4	6	5	9		8			1
	9					8	4	6
6	1	3	7				2	5
8	2	7			4	9		3
	4	9			2	6	8	
	7	6				1		8
2			8			3	6	
9		4	3		1	7	5	2

HARD - 381

	8	9	1	6		2		4
4		2	8		3	9		
	9		5		2		1	7
6	3				5			8
	5	7	4	6	9	1		
	2					6		
	8	9	6			3	7	2
2	6	5	3		7	4	8	1
	4	3			1	5		9

HARD - 382

4		6		1	5			3
	8	9		2		5	4	
	7				4		2	6
8	5		1	7		2	9	4
	6	4	2	5		3	7	8
			8	4			6	
			7	6		8		
6			5	9		4	1	
9		7	4	3	8	6	5	

HARD - 383

	6			2		4	8	9
	8	3	7	9	4	6	5	1
			8	6	1			3
			9	5	2	3	6	
				3				7
5	3	4	6		7		2	8
4			5			8	3	
		7	2			9		
		9	1	8	6	7	4	5

HARD - 384

7	1	4	8				2	
6	8	2			9			
	5	9	4			1	6	8
	9			5	6			3
5			9		2	7		
2	4	7	3	8	1	5	9	6
	8	5	9					2
9			7					
4	3	6	2	1			5	7

HARD - 385

						7	9	5
9	7	3		8	5	4	2	6
	6	5			7	3		1
6		7	8	1		5		3
1			5	6	4			2
5	4		7	3		6	1	8
					8			4
	1		9	5				
7		2		4	1	8	6	9

HARD - 386

			2	9		1	3	4
5	3	9		7	1		6	
	1	2	6			9		
1			7		5		8	6
	9		1	6		7	5	
		6	8		2		9	
2		1		5	6		4	3
9			2	4	8	5		
8	4	5					2	9

HARD - 387

5			4	8	6	7		1
1	6	2				4		8
	7	4		3	1	6	5	9
	2	5	6				8	3
3		7	5	4		2	9	6
6				1				4
9	5					3	6	7
2			7					5
7	3	1			5		4	

HARD - 388

			3		7	8		4
6	8	4	2		1		7	
9		7	8		4	2		1
	4		1		8		3	6
1	5	8	4	3	6	9	2	
3						1	4	8
4				3		8		
2	7	6	5	8	9	4		
	1					7		5

HARD - 389

	1	7		5	3			
5	8	9	4	1	7	6		2
3		4	2				1	7
					5	7	6	4
6		2		4	9	8		
	5		7		6	1	2	
	2	6		7	4		9	
	9	5			2	4	7	6
7		3	9	6		8		

HARD - 390

	4		3				2	8
6		3	2			5		
		2	1	4	7			6
	6	8				9		
7	9		8			3	6	
4	3	5		9			1	2
	5		9	6	2	4	8	
8	4	6	5	1	3			9
		9	4	7	8	6		1

HARD - 391

			9				5	8
	2	3	7		5		4	
	5		4		8	7		1
5		4		8	2			7
9	1		6	7	3	5	2	
7		2		4	1		6	9
4		6	2	5				3
				3			7	
3		5	1	6	7	4	9	2

HARD - 392

	8	7	6	2	4	5	1	9
4		2		5		8		6
		9	1		7		2	4
	3	4	5					7
1	9	5		7	3	6		
7		8			6		3	
	4	1		3			6	
2		6	7		1	9		
		3	8	6			5	

HARD - 393

7	2	9	6		3	4		1
				4	5	7	3	2
3	5		2		7	6		8
4		2		3		8	1	5
6	8	1	5		4	3	7	9
	7		1		8	2		
8		7			9			4
	4		8					
9	3	6		5		1		

HARD - 394

	6	7	1			8	4	
	2		9	4		1		6
4			6		5		2	
7		9	4		3			8
3			2	9			5	
	4	1	8		7	3		
1	3	2	7	8		5		
6	9			3		4	7	8
	7	4		2			3	1

HARD - 395

	9				2	7	4	3
4				6	3	8	9	2
3		2	4	9		5	6	
			8				5	9
	3	8			9		7	
9		4		3			2	8
7			9		1	6	8	
	1	5	8		6	9	3	7
6	8			7	5			4

HARD - 396

7	3	1	9				6	
		4	7	8			1	3
6	9				1	5		
3			6			1		
5		9	3	1	8	2	4	7
	8	7			4	6	3	9
			1	6	3	8		4
	2	6			7	3	5	
8	1		2	4				

HARD - 397

		1	4	8	3	6	2	
2	3						7	4
		6	7	1		3	9	8
		9		2	7	4		
5	2		3	6	4		8	1
		3		9		7	5	2
				3		2		
	6			7		5		9
9			6	4	5	8	3	7

HARD - 398

	1	9	6		8		4	
2			7					
8			4	1	9	6	7	
		5	8	6	4	7		1
4	7	8	1	5	3	2	9	6
6	3		9		2			5
1		4	5		6			
	8		3		7	1	6	
3		7			1			8

HARD - 399

		3	4		1	5		
				8		9		
7	8	1	9	2		4		6
3	7	9		1	6	8		5
1	2		3	8	4		7	
		8		5	9		2	1
	1		8		2			
	4		1	6	3	2	5	8
	3	2	5	9	7			

HARD - 400

8					9	7		1
4		7		6	1		8	5
	5	3	8		4			6
2		1	4	9	8	6		3
3		9			5	8		
6	8	5		2		9	1	
9		4	5	3	7			8
5	3	6	1	8			7	9
	1				5			

54

SOLUTIONS

MEDIUM - 1

9	7	8	3	6	4	5	1	2
5	6	2	7	1	9	4	3	8
1	3	4	5	8	2	7	6	9
8	1	3	6	2	5	9	7	4
6	9	7	4	3	8	1	2	5
2	4	5	9	7	1	6	8	3
3	5	1	8	9	6	2	4	7
4	8	6	2	5	7	3	9	1
7	2	9	1	4	3	8	5	6

MEDIUM - 2

6	1	3	7	8	5	4	2	9
4	5	7	3	2	9	6	8	1
2	9	8	1	6	4	5	7	3
1	4	6	2	7	8	9	3	5
9	8	2	4	5	3	1	6	7
7	3	5	9	1	6	8	4	2
3	6	4	5	9	7	2	1	8
8	2	9	6	3	1	7	5	4
5	7	1	8	4	2	3	9	6

MEDIUM - 3

5	8	9	3	4	1	7	2	6
3	6	7	8	9	2	1	4	5
1	2	4	7	5	6	3	8	9
2	7	6	4	1	3	5	9	8
4	5	1	6	8	9	2	7	3
9	3	8	5	2	7	4	6	1
8	1	5	2	6	4	9	3	7
6	4	3	9	7	5	8	1	2
7	9	2	1	3	8	6	5	4

MEDIUM - 4

4	7	6	8	2	3	1	9	5
1	9	3	5	7	4	2	6	8
8	2	5	1	9	6	7	4	3
9	4	1	7	5	8	3	2	6
5	6	7	3	1	2	9	8	4
3	8	2	6	4	9	5	7	1
2	3	8	9	6	1	4	5	7
7	1	4	2	8	5	6	3	9
6	5	9	4	3	7	8	1	2

MEDIUM - 5

6	4	8	7	3	5	9	2	1
1	9	7	8	2	6	4	3	5
3	2	5	1	4	9	7	6	8
7	8	4	9	1	3	2	5	6
9	3	6	4	5	2	8	1	7
2	5	1	6	7	8	3	9	4
4	7	3	2	6	1	5	8	9
8	1	2	5	9	4	6	7	3
5	6	9	3	8	7	1	4	2

MEDIUM - 6

1	8	7	6	9	2	3	4	5
6	2	3	4	5	1	8	7	9
5	4	9	3	7	8	6	1	2
9	5	1	2	8	3	7	6	4
8	6	2	5	4	7	9	3	1
3	7	4	1	6	9	2	5	8
4	9	6	8	3	5	1	2	7
2	3	8	7	1	4	5	9	6
7	1	5	9	2	6	4	8	3

MEDIUM - 7

4	3	9	1	8	5	7	6	2
5	1	7	6	4	2	3	9	8
2	8	6	9	3	7	5	4	1
8	4	5	7	2	3	9	1	6
7	2	1	8	9	6	4	3	5
9	6	3	5	1	4	8	2	7
3	9	8	2	5	1	6	7	4
6	5	2	4	7	9	1	8	3
1	7	4	3	6	8	2	5	9

MEDIUM - 8

7	2	8	6	5	1	4	9	3
9	5	4	7	3	2	1	8	6
3	6	1	9	8	4	7	5	2
5	8	6	4	1	7	2	3	9
1	7	3	2	9	8	6	4	5
4	9	2	3	6	5	8	1	7
2	3	7	1	4	9	5	6	8
8	1	9	5	2	6	3	7	4
6	4	5	8	7	3	9	2	1

MEDIUM - 9

5 9 7	4 3 6	1 8 2
2 1 6	9 8 7	3 4 5
3 8 4	5 1 2	7 9 6
7 3 5	2 9 1	8 6 4
8 6 9	7 4 5	2 3 1
1 4 2	8 6 3	5 7 9
4 2 1	3 7 9	6 5 8
9 5 3	6 2 8	4 1 7
6 7 8	1 5 4	9 2 3

MEDIUM - 10

7 1 3	5 4 6	8 2 9
9 6 4	1 2 8	7 3 5
2 5 8	3 9 7	1 6 4
6 9 2	7 1 5	3 4 8
1 3 7	2 8 4	5 9 6
8 4 5	6 3 9	2 1 7
4 7 1	8 6 3	9 5 2
5 2 6	9 7 1	4 8 3
3 8 9	4 5 2	6 7 1

MEDIUM - 11

8 9 7	2 3 5	4 1 6
3 4 2	9 1 6	5 7 8
1 5 6	4 7 8	3 9 2
4 8 9	6 5 7	2 3 1
5 2 1	3 8 9	7 6 4
7 6 3	1 4 2	8 5 9
9 7 8	5 6 4	1 2 3
2 1 5	8 9 3	6 4 7
6 3 4	7 2 1	9 8 5

MEDIUM - 12

3 1 7	4 2 5	6 9 8
4 2 5	6 8 9	1 3 7
9 6 8	3 1 7	5 4 2
1 5 6	8 9 2	4 7 3
8 7 3	5 6 4	9 2 1
2 9 4	7 3 1	8 6 5
7 4 2	1 5 6	3 8 9
5 8 9	2 4 3	7 1 6
6 3 1	9 7 8	2 5 4

MEDIUM - 13

4 6 1	8 2 3	7 9 5
5 7 9	6 1 4	3 2 8
3 8 2	5 7 9	6 1 4
9 3 8	2 5 6	1 4 7
1 5 6	4 8 7	9 3 2
7 2 4	9 3 1	8 5 6
8 1 3	7 4 5	2 6 9
2 9 5	3 6 8	4 7 1
6 4 7	1 9 2	5 8 3

MEDIUM - 14

3 9 6	1 5 2	4 8 7
5 4 8	7 6 3	9 1 2
2 1 7	8 4 9	6 5 3
4 8 5	2 7 1	3 6 9
6 3 1	4 9 8	2 7 5
7 2 9	5 3 6	1 4 8
9 6 4	3 8 7	5 2 1
1 7 3	6 2 5	8 9 4
8 5 2	9 1 4	7 3 6

MEDIUM - 15

9 1 3	2 6 4	5 7 8
5 4 7	1 8 9	6 3 2
6 2 8	5 3 7	1 9 4
8 9 2	6 7 5	3 4 1
4 6 5	8 1 3	7 2 9
3 7 1	9 4 2	8 6 5
1 5 9	3 2 6	4 8 7
7 8 6	4 9 1	2 5 3
2 3 4	7 5 8	9 1 6

MEDIUM - 16

4 7 8	1 9 6	3 5 2
3 2 5	8 7 4	1 9 6
9 1 6	5 3 2	4 7 8
1 3 2	7 4 5	6 8 9
5 4 9	3 6 8	2 1 7
6 8 7	2 1 9	5 4 3
7 9 1	6 5 3	8 2 4
2 5 3	4 8 7	9 6 1
8 6 4	9 2 1	7 3 5

MEDIUM - 17

7	4	6	9	8	3	2	5	1
3	1	9	2	4	5	8	7	6
2	5	8	6	7	1	9	3	4
4	8	2	7	3	9	6	1	5
6	7	3	1	5	8	4	2	9
1	9	5	4	2	6	3	8	7
8	3	4	5	9	7	1	6	2
5	2	1	3	6	4	7	9	8
9	6	7	8	1	2	5	4	3

MEDIUM - 18

5	4	7	6	9	3	1	2	8
3	2	9	4	1	8	7	6	5
8	6	1	5	7	2	9	4	3
1	8	2	9	3	6	5	7	4
6	5	4	2	8	7	3	9	1
9	7	3	1	5	4	2	8	6
2	3	5	8	4	9	6	1	7
4	1	6	7	2	5	8	3	9
7	9	8	3	6	1	4	5	2

MEDIUM - 19

3	2	1	8	9	6	7	5	4
9	7	5	4	2	3	8	1	6
4	6	8	5	1	7	9	2	3
1	5	4	3	7	9	2	6	8
7	8	9	2	6	4	1	3	5
2	3	6	1	5	8	4	9	7
6	9	3	7	4	2	5	8	1
8	1	7	9	3	5	6	4	2
5	4	2	6	8	1	3	7	9

MEDIUM - 20

1	8	5	6	3	2	9	4	7
3	2	7	5	4	9	1	6	8
9	6	4	1	7	8	2	3	5
2	7	1	9	6	4	5	8	3
6	3	8	2	5	7	4	9	1
5	4	9	3	8	1	7	2	6
8	9	6	4	1	5	3	7	2
4	5	3	7	2	6	8	1	9
7	1	2	8	9	3	6	5	4

MEDIUM - 21

5	4	2	9	7	6	8	3	1
1	3	7	2	8	4	9	5	6
6	8	9	3	1	5	4	2	7
3	1	8	5	4	2	7	6	9
9	7	4	6	3	1	5	8	2
2	5	6	7	9	8	1	4	3
8	6	3	1	5	7	2	9	4
7	2	5	4	6	9	3	1	8
4	9	1	8	2	3	6	7	5

MEDIUM - 22

9	8	2	5	7	6	1	3	4
5	1	6	8	3	4	9	2	7
4	3	7	2	9	1	8	6	5
1	9	3	6	5	7	2	4	8
8	7	5	3	4	2	6	1	9
2	6	4	1	8	9	7	5	3
7	2	9	4	6	3	5	8	1
6	4	8	7	1	5	3	9	2
3	5	1	9	2	8	4	7	6

MEDIUM - 23

3	2	8	9	6	1	4	7	5
6	9	5	4	7	2	3	1	8
1	7	4	8	5	3	6	2	9
4	6	7	2	8	9	5	3	1
5	8	1	6	3	4	7	9	2
2	3	9	5	1	7	8	6	4
7	4	2	3	9	8	1	5	6
8	1	6	7	2	5	9	4	3
9	5	3	1	4	6	2	8	7

MEDIUM - 24

5	9	8	3	4	2	7	1	6
2	7	1	5	6	8	4	9	3
4	3	6	7	1	9	8	2	5
8	2	9	4	3	1	6	5	7
1	6	5	9	8	7	2	3	4
3	4	7	6	2	5	1	8	9
9	1	4	8	7	3	5	6	2
6	8	3	2	5	4	9	7	1
7	5	2	1	9	6	3	4	8

MEDIUM - 25

2	7	4	5	6	8	3	9	1
5	3	1	2	4	9	7	6	8
8	9	6	7	1	3	5	4	2
7	1	9	3	5	4	2	8	6
3	8	2	9	7	6	1	5	4
6	4	5	1	8	2	9	7	3
4	2	3	6	9	7	8	1	5
1	6	7	8	3	5	4	2	9
9	5	8	4	2	1	6	3	7

MEDIUM - 26

8	1	2	6	4	5	9	3	7
6	9	3	7	2	8	1	4	5
5	4	7	1	3	9	8	2	6
7	8	6	3	5	4	2	1	9
1	3	5	9	7	2	6	8	4
9	2	4	8	6	1	5	7	3
3	6	1	2	9	7	4	5	8
2	5	9	4	8	3	7	6	1
4	7	8	5	1	6	3	9	2

MEDIUM - 27

3	6	9	7	4	2	5	8	1
8	5	7	6	1	3	9	4	2
2	4	1	5	9	8	6	7	3
5	9	4	2	3	7	1	6	8
7	1	2	8	6	9	3	5	4
6	3	8	1	5	4	2	9	7
9	7	6	3	8	1	4	2	5
1	8	5	4	2	6	7	3	9
4	2	3	9	7	5	8	1	6

MEDIUM - 28

5	2	7	4	8	1	6	3	9
9	8	6	3	2	5	7	1	4
1	4	3	7	9	6	2	8	5
7	1	5	8	6	3	4	9	2
4	3	2	5	1	9	8	7	6
6	9	8	2	7	4	3	5	1
2	7	4	1	5	8	9	6	3
8	6	1	9	3	2	5	4	7
3	5	9	6	4	7	1	2	8

MEDIUM - 29

7	9	1	4	5	3	6	8	2
6	2	8	1	9	7	4	3	5
5	3	4	2	8	6	9	1	7
2	7	9	8	1	5	3	4	6
1	5	6	3	2	4	8	7	9
8	4	3	6	7	9	2	5	1
3	1	5	9	6	8	7	2	4
9	8	7	5	4	2	1	6	3
4	6	2	7	3	1	5	9	8

MEDIUM - 30

1	2	5	7	3	8	4	9	6
4	6	8	1	9	2	7	5	3
7	3	9	5	6	4	1	2	8
6	7	4	3	1	9	2	8	5
5	1	3	2	8	6	9	7	4
9	8	2	4	7	5	3	6	1
3	4	6	9	5	7	8	1	2
8	9	1	6	2	3	5	4	7
2	5	7	8	4	1	6	3	9

MEDIUM - 31

9	8	1	5	6	3	2	7	4
5	4	2	7	1	8	9	6	3
6	7	3	4	2	9	8	1	5
2	3	5	9	8	7	1	4	6
7	1	9	3	4	6	5	8	2
4	6	8	2	5	1	3	9	7
8	2	6	1	7	5	4	3	9
1	9	4	6	3	2	7	5	8
3	5	7	8	9	4	6	2	1

MEDIUM - 32

7	3	1	6	9	4	5	8	2
8	4	9	1	5	2	6	3	7
5	2	6	8	3	7	9	1	4
1	9	8	7	2	6	3	4	5
2	6	5	3	4	9	1	7	8
3	7	4	5	1	8	2	9	6
9	1	7	2	8	5	4	6	3
6	5	3	4	7	1	8	2	9
4	8	2	9	6	3	7	5	1

MEDIUM - 33

4	8	1	3	7	2	6	5	9
9	2	7	1	6	5	8	3	4
5	3	6	9	4	8	1	2	7
6	9	5	4	1	7	3	8	2
8	7	2	6	5	3	4	9	1
1	4	3	8	2	9	5	7	6
3	1	9	7	8	6	2	4	5
7	5	4	2	3	1	9	6	8
2	6	8	5	9	4	7	1	3

MEDIUM - 34

4	7	1	8	2	6	3	5	9
6	2	8	9	3	5	7	4	1
3	5	9	7	4	1	6	2	8
9	6	7	4	1	3	5	8	2
2	4	5	6	7	8	1	9	3
8	1	3	5	9	2	4	6	7
7	9	6	1	8	4	2	3	5
5	8	2	3	6	7	9	1	4
1	3	4	2	5	9	8	7	6

MEDIUM - 35

9	5	4	7	3	8	2	6	1
3	1	2	6	9	4	7	8	5
7	6	8	2	5	1	9	4	3
1	3	7	4	8	6	5	9	2
4	2	9	3	7	5	6	1	8
6	8	5	1	2	9	3	7	4
5	9	1	8	6	2	4	3	7
2	4	3	9	1	7	8	5	6
8	7	6	5	4	3	1	2	9

MEDIUM - 36

8	4	6	9	2	3	7	1	5
5	3	1	7	6	8	9	2	4
9	7	2	4	5	1	6	3	8
7	8	5	3	1	6	4	9	2
4	1	3	5	9	2	8	6	7
6	2	9	8	7	4	1	5	3
3	5	7	1	8	9	2	4	6
1	6	4	2	3	7	5	8	9
2	9	8	6	4	5	3	7	1

MEDIUM - 37

9	2	8	3	6	5	4	7	1
1	6	5	9	4	7	2	3	8
4	7	3	8	1	2	5	6	9
2	9	1	5	8	6	3	4	7
3	5	7	2	9	4	1	8	6
6	8	4	1	7	3	9	2	5
8	4	9	7	3	1	6	5	2
5	1	6	4	2	8	7	9	3
7	3	2	6	5	9	8	1	4

MEDIUM - 38

9	3	7	6	4	1	8	5	2
1	2	6	8	7	5	3	4	9
5	4	8	3	2	9	1	6	7
2	1	3	5	8	4	9	7	6
6	8	4	7	9	3	5	2	1
7	5	9	1	6	2	4	8	3
4	6	2	9	3	8	7	1	5
8	9	5	2	1	7	6	3	4
3	7	1	4	5	6	2	9	8

MEDIUM - 39

6	3	4	5	8	2	7	9	1
1	2	8	6	9	7	5	3	4
7	9	5	4	1	3	2	8	6
9	5	6	2	3	4	1	7	8
3	7	2	8	5	1	4	6	9
8	4	1	9	7	6	3	2	5
4	8	7	1	2	9	6	5	3
5	6	3	7	4	8	9	1	2
2	1	9	3	6	5	8	4	7

MEDIUM - 40

9	8	3	5	2	1	7	6	4
4	7	2	6	9	3	1	5	8
5	6	1	8	4	7	2	9	3
8	2	7	4	3	9	6	1	5
1	3	4	7	6	5	8	2	9
6	5	9	2	1	8	3	4	7
7	9	6	1	8	4	5	3	2
2	4	5	3	7	6	9	8	1
3	1	8	9	5	2	4	7	6

MEDIUM - 41

5	1	4	8	3	9	2	6	7
6	2	3	5	4	7	9	1	8
9	7	8	2	6	1	4	3	5
3	6	9	7	8	4	5	2	1
8	4	2	6	1	5	3	7	9
1	5	7	3	9	2	6	8	4
7	3	5	4	2	8	1	9	6
2	8	1	9	5	6	7	4	3
4	9	6	1	7	3	8	5	2

MEDIUM - 42

9	4	6	3	5	7	8	1	2
7	3	8	1	9	2	6	5	4
2	1	5	8	6	4	7	3	9
8	6	2	5	7	1	4	9	3
4	7	3	2	8	9	5	6	1
1	5	9	6	4	3	2	8	7
5	9	7	4	3	8	1	2	6
6	2	4	9	1	5	3	7	8
3	8	1	7	2	6	9	4	5

MEDIUM - 43

1	3	8	9	4	2	7	6	5
6	4	9	5	8	7	2	1	3
7	5	2	1	6	3	9	8	4
3	1	4	7	9	6	5	2	8
5	2	6	8	1	4	3	9	7
9	8	7	2	3	5	6	4	1
2	9	1	3	5	8	4	7	6
8	6	5	4	7	9	1	3	2
4	7	3	6	2	1	8	5	9

MEDIUM - 44

7	4	1	5	6	8	3	2	9
9	5	3	2	1	4	8	6	7
2	6	8	3	9	7	4	1	5
6	3	9	1	2	5	7	4	8
8	7	2	4	3	9	1	5	6
4	1	5	7	8	6	9	3	2
1	8	4	6	7	2	5	9	3
3	9	6	8	5	1	2	7	4
5	2	7	9	4	3	6	8	1

MEDIUM - 45

1	3	4	5	2	6	9	7	8
2	5	7	3	9	8	6	4	1
8	9	6	1	7	4	5	2	3
6	8	3	4	5	2	7	1	9
5	4	9	7	6	1	8	3	2
7	2	1	9	8	3	4	5	6
4	1	8	6	3	7	2	9	5
9	7	2	8	1	5	3	6	4
3	6	5	2	4	9	1	8	7

MEDIUM - 46

2	9	7	6	5	3	4	1	8
4	5	6	2	8	1	3	9	7
3	8	1	9	4	7	2	6	5
7	3	2	4	1	5	6	8	9
5	6	4	8	3	9	7	2	1
8	1	9	7	6	2	5	3	4
1	7	5	3	9	6	8	4	2
9	4	3	5	2	8	1	7	6
6	2	8	1	7	4	9	5	3

MEDIUM - 47

5	2	7	9	6	3	1	8	4
3	4	8	5	1	7	6	9	2
6	9	1	8	4	2	5	7	3
7	6	3	4	9	1	2	5	8
4	5	2	7	8	6	3	1	9
1	8	9	3	2	5	4	6	7
9	7	5	6	3	4	8	2	1
2	3	6	1	7	8	9	4	5
8	1	4	2	5	9	7	3	6

MEDIUM - 48

5	9	4	1	2	3	8	6	7
1	7	3	9	6	8	4	5	2
2	6	8	7	5	4	9	3	1
8	5	1	2	9	6	7	4	3
4	3	6	8	1	7	5	2	9
7	2	9	3	4	5	1	8	6
3	1	7	5	8	2	6	9	4
9	4	5	6	3	1	2	7	8
6	8	2	4	7	9	3	1	5

MEDIUM - 49

9 7 3	2 4 8	1 5 6
4 5 8	1 9 6	2 7 3
2 1 6	3 7 5	8 4 9
8 6 5	9 1 4	7 3 2
1 3 9	6 2 7	5 8 4
7 4 2	5 8 3	6 9 1
5 8 1	4 3 2	9 6 7
6 2 4	7 5 9	3 1 8
3 9 7	8 6 1	4 2 5

MEDIUM - 50

2 7 5	4 9 6	1 8 3
1 8 3	5 7 2	6 4 9
4 6 9	3 1 8	5 2 7
5 3 7	1 4 9	8 6 2
6 9 2	8 5 3	7 1 4
8 4 1	6 2 7	3 9 5
3 1 4	2 8 5	9 7 6
7 5 8	9 6 4	2 3 1
9 2 6	7 3 1	4 5 8

MEDIUM - 51

9 7 5	4 1 8	3 2 6
6 4 3	2 5 7	9 1 8
8 2 1	9 6 3	5 7 4
7 6 8	1 9 5	4 3 2
1 5 4	3 7 2	8 6 9
2 3 9	8 4 6	7 5 1
5 8 6	7 2 9	1 4 3
4 9 7	6 3 1	2 8 5
3 1 2	5 8 4	6 9 7

MEDIUM - 52

3 4 6	8 9 1	7 2 5
7 8 5	2 3 4	9 1 6
2 1 9	6 5 7	4 3 8
8 7 3	1 2 6	5 9 4
4 5 1	7 8 9	3 6 2
9 6 2	3 4 5	1 8 7
1 3 8	4 7 2	6 5 9
6 9 7	5 1 8	2 4 3
5 2 4	9 6 3	8 7 1

MEDIUM - 53

7 9 8	4 1 3	2 5 6
3 2 6	7 9 5	4 8 1
5 1 4	8 6 2	3 7 9
4 3 1	5 8 6	9 2 7
6 7 5	9 2 1	8 3 4
2 8 9	3 4 7	6 1 5
9 5 2	1 3 4	7 6 8
1 4 3	6 7 8	5 9 2
8 6 7	2 5 9	1 4 3

MEDIUM - 54

4 3 8	2 5 7	6 9 1
2 6 7	3 1 9	4 5 8
9 5 1	6 8 4	3 7 2
6 9 5	4 2 3	1 8 7
1 2 3	9 7 8	5 6 4
8 7 4	1 6 5	2 3 9
5 4 6	8 9 1	7 2 3
7 1 9	5 3 2	8 4 6
3 8 2	7 4 6	9 1 5

MEDIUM - 55

9 4 6	2 3 5	8 7 1
5 2 1	9 7 8	3 4 6
3 7 8	6 4 1	5 2 9
1 3 2	5 8 7	6 9 4
4 8 5	1 9 6	2 3 7
6 9 7	4 2 3	1 5 8
7 1 4	3 6 2	9 8 5
8 6 3	7 5 9	4 1 2
2 5 9	8 1 4	7 6 3

MEDIUM - 56

3 8 4	7 6 1	2 5 9
2 5 1	8 9 4	3 6 7
6 7 9	3 5 2	1 8 4
9 4 2	6 7 3	8 1 5
5 1 6	2 4 8	7 9 3
7 3 8	5 1 9	4 2 6
4 9 7	1 8 6	5 3 2
8 6 3	4 2 5	9 7 1
1 2 5	9 3 7	6 4 8

MEDIUM - 57

8	5	2	1	9	4	7	6	3
4	3	9	2	6	7	8	1	5
1	7	6	3	5	8	9	2	4
2	8	5	9	3	6	1	4	7
9	4	1	7	2	5	6	3	8
7	6	3	4	8	1	2	5	9
5	9	7	6	1	3	4	8	2
6	2	8	5	4	9	3	7	1
3	1	4	8	7	2	5	9	6

MEDIUM - 58

5	9	7	4	1	8	6	2	3
3	2	4	5	7	6	9	8	1
8	6	1	9	3	2	7	5	4
2	8	6	3	5	7	4	1	9
7	3	9	1	2	4	5	6	8
1	4	5	6	8	9	3	7	2
9	1	3	8	6	5	2	4	7
6	7	8	2	4	3	1	9	5
4	5	2	7	9	1	8	3	6

MEDIUM - 59

9	7	5	6	8	1	2	4	3
2	3	4	9	7	5	1	8	6
6	1	8	3	2	4	5	9	7
5	8	3	1	6	9	4	7	2
1	6	7	4	5	2	8	3	9
4	9	2	8	3	7	6	5	1
3	2	9	5	4	6	7	1	8
7	4	1	2	9	8	3	6	5
8	5	6	7	1	3	9	2	4

MEDIUM - 60

8	5	4	9	7	1	2	6	3
6	7	2	4	8	3	1	9	5
3	1	9	2	5	6	4	7	8
2	3	5	7	6	8	9	4	1
4	9	8	1	2	5	6	3	7
7	6	1	3	9	4	8	5	2
1	4	7	6	3	2	5	8	9
5	2	3	8	4	9	7	1	6
9	8	6	5	1	7	3	2	4

MEDIUM - 61

7	4	2	5	3	8	1	9	6
1	3	8	7	9	6	4	5	2
6	9	5	4	2	1	7	3	8
2	5	9	3	1	4	6	8	7
4	8	1	6	7	5	3	2	9
3	7	6	9	8	2	5	1	4
9	6	7	2	5	3	8	4	1
5	1	4	8	6	9	2	7	3
8	2	3	1	4	7	9	6	5

MEDIUM - 62

9	8	7	4	2	3	1	6	5
5	2	6	8	9	1	3	4	7
1	3	4	5	6	7	9	2	8
4	9	5	3	8	2	6	7	1
2	7	1	9	5	6	8	3	4
8	6	3	7	1	4	2	5	9
7	4	2	1	3	8	5	9	6
3	5	8	6	4	9	7	1	2
6	1	9	2	7	5	4	8	3

MEDIUM - 63

9	4	3	1	7	2	6	8	5
5	7	1	8	3	6	2	4	9
2	8	6	9	4	5	1	7	3
8	9	2	5	1	3	4	6	7
6	1	5	4	8	7	9	3	2
7	3	4	2	6	9	5	1	8
4	2	8	7	9	1	3	5	6
3	5	7	6	2	4	8	9	1
1	6	9	3	5	8	7	2	4

MEDIUM - 64

9	7	2	4	3	6	5	8	1
8	4	5	7	2	1	6	3	9
1	3	6	5	9	8	4	2	7
6	5	7	9	1	2	8	4	3
2	1	8	6	4	3	9	7	5
3	9	4	8	5	7	2	1	6
5	6	3	1	8	4	7	9	2
7	8	1	2	6	9	3	5	4
4	2	9	3	7	5	1	6	8

MEDIUM - 65

1 5 8	9 7 3	2 6 4
6 4 7	1 8 2	9 3 5
3 9 2	5 4 6	1 7 8
5 8 3	2 1 9	7 4 6
7 2 6	3 5 4	8 9 1
4 1 9	8 6 7	5 2 3
8 3 4	7 2 5	6 1 9
9 7 5	6 3 1	4 8 2
2 6 1	4 9 8	3 5 7

MEDIUM - 66

6 8 1	9 4 5	3 2 7
4 7 2	6 1 3	5 8 9
3 5 9	2 8 7	1 4 6
1 3 7	4 2 6	9 5 8
2 9 8	7 5 1	4 6 3
5 6 4	3 9 8	7 1 2
8 1 3	5 6 9	2 7 4
7 2 5	8 3 4	6 9 1
9 4 6	1 7 2	8 3 5

MEDIUM - 67

1 3 2	4 9 5	8 6 7
9 4 6	1 7 8	2 3 5
5 8 7	2 6 3	9 1 4
4 6 5	9 3 2	1 7 8
7 9 1	8 4 6	5 2 3
3 2 8	7 5 1	6 4 9
8 1 3	5 2 7	4 9 6
6 5 9	3 1 4	7 8 2
2 7 4	6 8 9	3 5 1

MEDIUM - 68

7 3 9	2 1 4	5 6 8
6 5 1	7 8 9	2 3 4
4 2 8	3 6 5	7 1 9
9 6 7	1 4 2	3 8 5
5 1 4	8 9 3	6 2 7
3 8 2	6 5 7	4 9 1
8 9 5	4 3 6	1 7 2
2 4 3	9 7 1	8 5 6
1 7 6	5 2 8	9 4 3

MEDIUM - 69

7 5 8	6 3 1	4 9 2
1 2 3	7 4 9	6 5 8
9 6 4	2 5 8	7 3 1
2 7 5	4 1 6	3 8 9
3 8 1	5 9 7	2 4 6
4 9 6	3 8 2	1 7 5
8 3 7	1 2 5	9 6 4
5 4 2	9 6 3	8 1 7
6 1 9	8 7 4	5 2 3

MEDIUM - 70

9 5 8	3 2 6	4 1 7
1 6 2	5 4 7	3 8 9
4 3 7	9 8 1	6 5 2
6 2 5	1 7 3	8 9 4
8 4 1	2 9 5	7 3 6
7 9 3	4 6 8	5 2 1
5 7 6	8 1 2	9 4 3
2 8 9	7 3 4	1 6 5
3 1 4	6 5 9	2 7 8

MEDIUM - 71

6 9 5	2 8 3	1 4 7
2 8 4	6 7 1	3 5 9
3 1 7	9 5 4	8 2 6
7 3 2	5 4 9	6 8 1
8 4 1	3 2 6	9 7 5
5 6 9	7 1 8	2 3 4
9 5 3	8 6 7	4 1 2
4 2 6	1 3 5	7 9 8
1 7 8	4 9 2	5 6 3

MEDIUM - 72

3 2 5	4 7 6	9 8 1
9 7 4	2 8 1	3 5 6
1 8 6	9 3 5	2 4 7
4 5 2	1 6 7	8 9 3
8 9 1	5 2 3	6 7 4
6 3 7	8 9 4	5 1 2
7 1 8	3 5 2	4 6 9
5 4 3	6 1 9	7 2 8
2 6 9	7 4 8	1 3 5

MEDIUM - 73

2	6	8	5	7	3	9	1	4
4	1	5	2	6	9	3	7	8
3	9	7	1	4	8	6	5	2
1	3	6	9	5	2	8	4	7
8	5	2	7	3	4	1	6	9
7	4	9	8	1	6	5	2	3
5	7	3	4	9	1	2	8	6
6	8	1	3	2	7	4	9	5
9	2	4	6	8	5	7	3	1

MEDIUM - 74

5	7	9	1	3	2	4	6	8
4	8	2	6	5	7	9	3	1
6	3	1	8	4	9	5	7	2
3	1	8	9	2	4	7	5	6
7	4	6	5	1	3	8	2	9
2	9	5	7	8	6	1	4	3
9	2	4	3	7	1	6	8	5
1	5	7	2	6	8	3	9	4
8	6	3	4	9	5	2	1	7

MEDIUM - 75

9	8	6	4	2	5	1	7	3
1	4	2	8	7	3	6	5	9
5	7	3	6	9	1	8	2	4
6	9	8	1	4	7	5	3	2
4	5	7	3	8	2	9	6	1
3	2	1	9	5	6	7	4	8
8	1	5	2	6	4	3	9	7
7	3	4	5	1	9	2	8	6
2	6	9	7	3	8	4	1	5

MEDIUM - 76

7	1	3	6	8	2	5	4	9
5	6	2	3	4	9	1	8	7
4	9	8	5	1	7	6	2	3
8	2	1	7	6	3	4	9	5
9	7	5	8	2	4	3	1	6
3	4	6	1	9	5	2	7	8
1	3	9	2	5	8	7	6	4
6	5	4	9	7	1	8	3	2
2	8	7	4	3	6	9	5	1

MEDIUM - 77

6	4	1	2	3	8	9	5	7
5	3	2	9	4	7	1	8	6
8	7	9	1	5	6	4	3	2
2	1	7	4	6	5	8	9	3
3	5	4	7	8	9	6	2	1
9	6	8	3	2	1	7	4	5
1	8	5	6	9	3	2	7	4
7	2	3	8	1	4	5	6	9
4	9	6	5	7	2	3	1	8

MEDIUM - 78

3	5	2	1	6	4	9	7	8
7	1	8	3	9	2	6	4	5
9	6	4	5	8	7	3	1	2
2	3	5	8	1	6	4	9	7
4	8	7	9	2	3	5	6	1
6	9	1	7	4	5	2	8	3
8	4	3	2	7	9	1	5	6
1	2	9	6	5	8	7	3	4
5	7	6	4	3	1	8	2	9

MEDIUM - 79

1	3	6	7	5	8	4	9	2
8	7	9	4	1	2	6	3	5
2	5	4	3	6	9	1	7	8
4	8	1	2	7	5	9	6	3
9	6	3	8	4	1	2	5	7
5	2	7	6	9	3	8	4	1
3	9	5	1	8	6	7	2	4
6	4	8	5	2	7	3	1	9
7	1	2	9	3	4	5	8	6

MEDIUM - 80

9	3	2	8	1	4	7	6	5
7	6	8	9	2	5	4	1	3
1	4	5	7	3	6	9	8	2
8	5	1	4	9	3	2	7	6
3	2	7	5	6	1	8	4	9
6	9	4	2	8	7	5	3	1
5	8	6	1	4	9	3	2	7
4	7	3	6	5	2	1	9	8
2	1	9	3	7	8	6	5	4

MEDIUM - 81

```
1 3 7 | 5 6 9 | 8 4 2
9 6 8 | 1 2 4 | 5 7 3
2 4 5 | 7 3 8 | 6 9 1
------+-------+------
4 2 3 | 9 1 6 | 7 8 5
7 5 6 | 4 8 3 | 2 1 9
8 1 9 | 2 7 5 | 3 6 4
------+-------+------
3 8 4 | 6 5 1 | 9 2 7
6 9 2 | 3 4 7 | 1 5 8
5 7 1 | 8 9 2 | 4 3 6
```

MEDIUM - 82

```
4 8 2 | 5 6 3 | 7 1 9
7 3 1 | 4 2 9 | 5 6 8
5 9 6 | 8 7 1 | 3 2 4
------+-------+------
1 5 9 | 6 8 7 | 2 4 3
3 7 8 | 9 4 2 | 1 5 6
2 6 4 | 3 1 5 | 8 9 7
------+-------+------
6 1 3 | 2 9 8 | 4 7 5
9 2 5 | 7 3 4 | 6 8 1
8 4 7 | 1 5 6 | 9 3 2
```

MEDIUM - 83

```
8 5 4 | 1 7 3 | 6 2 9
1 6 9 | 5 2 8 | 3 7 4
2 3 7 | 9 4 6 | 8 5 1
------+-------+------
5 8 2 | 7 3 4 | 9 1 6
9 1 3 | 8 6 5 | 7 4 2
4 7 6 | 2 9 1 | 5 8 3
------+-------+------
7 9 8 | 6 1 2 | 4 3 5
3 2 5 | 4 8 9 | 1 6 7
6 4 1 | 3 5 7 | 2 9 8
```

MEDIUM - 84

```
8 9 4 | 7 6 1 | 5 3 2
7 1 6 | 5 3 2 | 9 4 8
3 2 5 | 4 9 8 | 6 1 7
------+-------+------
6 3 8 | 2 1 7 | 4 9 5
9 5 1 | 6 8 4 | 2 7 3
4 7 2 | 9 5 3 | 8 6 1
------+-------+------
5 6 3 | 1 2 9 | 7 8 4
1 4 9 | 8 7 5 | 3 2 6
2 8 7 | 3 4 6 | 1 5 9
```

MEDIUM - 85

```
8 5 4 | 7 9 1 | 6 2 3
1 2 6 | 5 8 3 | 4 9 7
7 3 9 | 4 6 2 | 8 5 1
------+-------+------
6 7 5 | 9 4 8 | 3 1 2
9 4 1 | 2 3 5 | 7 8 6
3 8 2 | 1 7 6 | 9 4 5
------+-------+------
4 1 8 | 6 2 7 | 5 3 9
2 6 3 | 8 5 9 | 1 7 4
5 9 7 | 3 1 4 | 2 6 8
```

MEDIUM - 86

```
5 2 9 | 6 8 7 | 3 4 1
7 1 4 | 5 3 9 | 2 8 6
8 6 3 | 1 2 4 | 7 5 9
------+-------+------
1 5 2 | 8 7 3 | 9 6 4
4 3 6 | 2 9 5 | 8 1 7
9 8 7 | 4 1 6 | 5 3 2
------+-------+------
3 7 5 | 9 4 1 | 6 2 8
6 4 8 | 7 5 2 | 1 9 3
2 9 1 | 3 6 8 | 4 7 5
```

MEDIUM - 87

```
4 6 2 | 8 1 9 | 3 5 7
1 9 5 | 4 3 7 | 2 6 8
3 7 8 | 2 5 6 | 1 4 9
------+-------+------
8 4 1 | 6 2 5 | 9 7 3
2 5 7 | 9 4 3 | 6 8 1
6 3 9 | 7 8 1 | 4 2 5
------+-------+------
7 1 3 | 5 6 4 | 8 9 2
5 2 4 | 3 9 8 | 7 1 6
9 8 6 | 1 7 2 | 5 3 4
```

MEDIUM - 88

```
9 7 8 | 5 6 1 | 3 4 2
1 2 6 | 4 3 7 | 8 9 5
5 3 4 | 2 8 9 | 7 6 1
------+-------+------
2 6 9 | 1 5 3 | 4 7 8
3 1 7 | 9 4 8 | 2 5 6
4 8 5 | 6 7 2 | 9 1 3
------+-------+------
6 5 2 | 8 9 4 | 1 3 7
7 4 1 | 3 2 5 | 6 8 9
8 9 3 | 7 1 6 | 5 2 4
```

MEDIUM - 89

6	8	9	4	3	2	5	7	1
4	7	1	5	9	6	2	3	8
3	2	5	7	1	8	4	9	6
7	9	3	2	5	1	6	8	4
8	5	4	9	6	3	7	1	2
2	1	6	8	7	4	9	5	3
1	4	7	6	8	9	3	2	5
5	3	2	1	4	7	8	6	9
9	6	8	3	2	5	1	4	7

MEDIUM - 90

6	1	2	3	9	4	8	7	5
4	3	5	7	2	8	1	6	9
8	7	9	5	6	1	3	2	4
3	5	8	1	4	7	6	9	2
2	6	7	9	5	3	4	1	8
9	4	1	6	8	2	7	5	3
5	9	3	8	1	6	2	4	7
1	8	4	2	7	5	9	3	6
7	2	6	4	3	9	5	8	1

MEDIUM - 91

9	8	2	1	4	6	5	7	3
6	3	5	8	7	9	2	1	4
7	4	1	5	2	3	9	6	8
8	5	9	2	3	1	7	4	6
4	7	6	9	8	5	1	3	2
1	2	3	7	6	4	8	5	9
5	9	4	6	1	8	3	2	7
3	1	7	4	9	2	6	8	5
2	6	8	3	5	7	4	9	1

MEDIUM - 92

9	5	4	2	6	1	8	3	7
6	2	1	3	7	8	9	4	5
8	7	3	9	4	5	6	1	2
7	1	8	5	2	3	4	9	6
2	3	5	4	9	6	1	7	8
4	9	6	8	1	7	5	2	3
5	8	2	1	3	9	7	6	4
3	6	9	7	5	4	2	8	1
1	4	7	6	8	2	3	5	9

MEDIUM - 93

7	8	9	2	6	1	5	3	4
5	3	2	9	7	4	8	6	1
4	6	1	8	5	3	9	7	2
9	4	6	3	1	5	7	2	8
1	7	5	4	8	2	3	9	6
8	2	3	7	9	6	1	4	5
2	9	8	5	4	7	6	1	3
6	5	4	1	3	9	2	8	7
3	1	7	6	2	8	4	5	9

MEDIUM - 94

1	2	4	6	9	8	3	5	7
5	9	7	3	4	1	6	8	2
8	3	6	7	5	2	1	4	9
9	5	2	4	6	7	8	3	1
6	7	8	9	1	3	5	2	4
3	4	1	8	2	5	9	7	6
4	6	5	2	3	9	7	1	8
7	1	9	5	8	4	2	6	3
2	8	3	1	7	6	4	9	5

MEDIUM - 95

2	1	9	7	5	3	4	6	8
8	5	3	9	6	4	1	7	2
7	4	6	1	8	2	3	5	9
1	7	4	2	3	9	5	8	6
3	9	5	8	1	6	7	2	4
6	8	2	4	7	5	9	3	1
5	3	8	6	9	1	2	4	7
9	2	7	5	4	8	6	1	3
4	6	1	3	2	7	8	9	5

MEDIUM - 96

8	1	6	3	9	7	2	5	4
2	3	5	6	4	1	7	8	9
4	9	7	5	8	2	3	6	1
1	8	3	2	5	9	6	4	7
7	5	9	1	6	4	8	3	2
6	2	4	8	7	3	1	9	5
9	6	8	7	1	5	4	2	3
3	4	1	9	2	8	5	7	6
5	7	2	4	3	6	9	1	8

MEDIUM - 97

```
9 7 3 | 8 6 1 | 5 4 2
8 2 1 | 5 9 4 | 7 6 3
4 5 6 | 2 7 3 | 8 9 1
------+-------+------
2 3 8 | 7 1 9 | 4 5 6
7 1 4 | 6 3 5 | 9 2 8
6 9 5 | 4 2 8 | 1 3 7
------+-------+------
1 4 7 | 3 5 6 | 2 8 9
5 6 9 | 1 8 2 | 3 7 4
3 8 2 | 9 4 7 | 6 1 5
```

MEDIUM - 98

```
8 2 9 | 5 4 6 | 1 7 3
7 6 3 | 8 2 1 | 9 4 5
4 1 5 | 7 9 3 | 8 6 2
------+-------+------
1 7 2 | 4 6 9 | 5 3 8
6 9 4 | 3 5 8 | 7 2 1
3 5 8 | 1 7 2 | 6 9 4
------+-------+------
9 4 6 | 2 1 5 | 3 8 7
2 3 1 | 9 8 7 | 4 5 6
5 8 7 | 6 3 4 | 2 1 9
```

MEDIUM - 99

```
6 5 4 | 1 2 3 | 8 9 7
2 8 7 | 4 9 5 | 1 3 6
1 3 9 | 7 8 6 | 5 4 2
------+-------+------
8 4 3 | 5 6 2 | 7 1 9
7 6 2 | 3 1 9 | 4 8 5
5 9 1 | 8 7 4 | 6 2 3
------+-------+------
4 1 5 | 9 3 7 | 2 6 8
3 7 6 | 2 4 8 | 9 5 1
9 2 8 | 6 5 1 | 3 7 4
```

MEDIUM - 100

```
5 1 9 | 8 2 6 | 4 3 7
3 6 4 | 1 9 7 | 2 8 5
8 7 2 | 3 4 5 | 1 9 6
------+-------+------
6 9 5 | 4 7 3 | 8 2 1
2 3 1 | 9 5 8 | 7 6 4
7 4 8 | 6 1 2 | 3 5 9
------+-------+------
1 5 3 | 2 6 4 | 9 7 8
9 2 6 | 7 8 1 | 5 4 3
4 8 7 | 5 3 9 | 6 1 2
```

MEDIUM - 101

```
1 9 5 | 4 6 2 | 3 8 7
4 3 8 | 7 1 5 | 6 9 2
6 2 7 | 3 8 9 | 1 4 5
------+-------+------
3 5 2 | 6 9 1 | 8 7 4
9 4 1 | 2 7 8 | 5 6 3
7 8 6 | 5 4 3 | 2 1 9
------+-------+------
8 7 3 | 9 2 6 | 4 5 1
5 1 9 | 8 3 4 | 7 2 6
2 6 4 | 1 5 7 | 9 3 8
```

MEDIUM - 102

```
5 4 1 | 7 9 2 | 8 6 3
7 9 6 | 5 3 8 | 4 1 2
2 8 3 | 6 4 1 | 9 7 5
------+-------+------
8 2 4 | 3 5 7 | 1 9 6
6 5 7 | 2 1 9 | 3 8 4
1 3 9 | 8 6 4 | 5 2 7
------+-------+------
9 6 2 | 4 8 3 | 7 5 1
4 7 8 | 1 2 5 | 6 3 9
3 1 5 | 9 7 6 | 2 4 8
```

MEDIUM - 103

```
3 7 4 | 2 1 8 | 5 6 9
8 5 9 | 7 3 6 | 4 2 1
1 2 6 | 4 9 5 | 3 7 8
------+-------+------
4 3 8 | 1 6 2 | 9 5 7
2 6 7 | 8 5 9 | 1 4 3
5 9 1 | 3 7 4 | 6 8 2
------+-------+------
6 1 3 | 5 2 7 | 8 9 4
7 4 5 | 9 8 1 | 2 3 6
9 8 2 | 6 4 3 | 7 1 5
```

MEDIUM - 104

```
8 2 5 | 6 7 1 | 4 9 3
7 3 4 | 8 5 9 | 6 1 2
1 9 6 | 2 4 3 | 8 5 7
------+-------+------
4 1 2 | 5 9 7 | 3 6 8
3 6 7 | 4 1 8 | 5 2 9
9 5 8 | 3 6 2 | 7 4 1
------+-------+------
2 4 7 | 8 5 9 | 3 6 ?
6 8 3 | 9 2 4 | 1 7 5
5 7 9 | 1 3 6 | 2 8 4
```

MEDIUM - 105

1	3	7	2	8	4	6	5	9
5	6	4	1	3	9	8	7	2
8	2	9	5	6	7	1	3	4
4	5	8	9	7	6	3	2	1
2	1	6	3	4	5	9	8	7
9	7	3	8	1	2	5	4	6
3	8	2	7	9	1	4	6	5
7	4	1	6	5	3	2	9	8
6	9	5	4	2	8	7	1	3

MEDIUM - 106

3	5	4	6	2	1	9	8	7
2	9	1	3	8	7	6	5	4
7	8	6	4	9	5	1	3	2
8	1	9	7	5	6	2	4	3
5	4	2	1	3	8	7	9	6
6	7	3	2	4	9	5	1	8
4	3	5	9	6	2	8	7	1
1	6	8	5	7	3	4	2	9
9	2	7	8	1	4	3	6	5

MEDIUM - 107

8	7	4	5	2	6	1	9	3
1	6	3	9	4	8	2	7	5
9	5	2	1	3	7	4	8	6
6	8	5	3	9	1	7	2	4
3	2	1	7	8	4	5	6	9
4	9	7	6	5	2	3	1	8
7	3	8	4	1	9	6	5	2
5	1	9	2	6	3	8	4	7
2	4	6	8	7	5	9	3	1

MEDIUM - 108

6	2	3	5	1	4	9	7	8
5	4	1	7	8	9	6	3	2
8	7	9	2	6	3	4	1	5
3	5	6	8	4	7	2	9	1
1	9	2	3	5	6	8	4	7
4	8	7	9	2	1	5	6	3
9	3	8	4	7	2	1	5	6
2	1	4	6	3	5	7	8	9
7	6	5	1	9	8	3	2	4

MEDIUM - 109

8	6	7	4	1	2	5	9	3
9	2	1	6	5	3	7	4	8
3	5	4	7	9	8	1	6	2
5	7	3	1	4	9	8	2	6
1	4	2	5	8	6	3	7	9
6	9	8	2	3	7	4	5	1
2	1	5	3	6	4	9	8	7
7	3	9	8	2	5	6	1	4
4	8	6	9	7	1	2	3	5

MEDIUM - 110

2	7	6	4	9	8	3	5	1
9	4	5	3	7	1	2	6	8
3	1	8	5	2	6	7	9	4
8	2	9	7	6	5	4	1	3
6	3	1	8	4	2	5	7	9
4	5	7	1	3	9	8	2	6
1	9	4	2	8	7	6	3	5
5	8	2	6	1	3	9	4	7
7	6	3	9	5	4	1	8	2

MEDIUM - 111

6	8	7	5	4	3	9	1	2
3	9	1	7	8	2	6	5	4
4	2	5	6	9	1	8	7	3
5	4	3	9	7	8	2	6	1
1	6	9	4	2	5	7	3	8
2	7	8	3	1	6	4	9	5
9	3	6	2	5	4	1	8	7
7	1	2	8	3	9	5	4	6
8	5	4	1	6	7	3	2	9

MEDIUM - 112

8	9	4	1	3	6	2	5	7
2	5	7	8	4	9	6	1	3
1	3	6	7	2	5	9	4	8
3	1	2	4	7	8	5	9	6
7	6	9	2	5	3	4	8	1
5	4	8	6	9	1	7	3	2
6	2	1	5	8	4	3	7	9
9	7	5	3	1	2	8	6	4
4	8	3	9	6	7	1	2	5

MEDIUM - 113

2 6 5	4 9 3	8 7 1
3 8 4	5 1 7	6 2 9
7 9 1	2 8 6	3 4 5
6 2 8	3 7 1	5 9 4
1 3 7	9 5 4	2 8 6
5 4 9	8 6 2	7 1 3
8 5 3	7 4 9	1 6 2
4 1 2	6 3 8	9 5 7
9 7 6	1 2 5	4 3 8

MEDIUM - 114

1 4 6	9 2 7	3 5 8
3 5 7	1 8 6	2 4 9
2 8 9	4 5 3	6 7 1
5 2 4	8 7 1	9 6 3
6 9 3	2 4 5	1 8 7
8 7 1	3 6 9	4 2 5
9 6 2	7 3 8	5 1 4
7 3 5	6 1 4	8 9 2
4 1 8	5 9 2	7 3 6

MEDIUM - 115

8 4 3	1 7 2	5 6 9
7 2 6	9 8 5	1 3 4
9 1 5	3 6 4	2 8 7
2 8 9	6 4 3	7 1 5
5 3 7	8 1 9	6 4 2
1 6 4	2 5 7	8 9 3
3 5 1	7 9 8	4 2 6
4 9 8	5 2 6	3 7 1
6 7 2	4 3 1	9 5 8

MEDIUM - 116

4 9 1	5 7 2	6 3 8
6 3 8	4 1 9	7 5 2
5 7 2	6 8 3	1 4 9
2 6 9	8 5 7	4 1 3
7 8 4	1 3 6	2 9 5
3 1 5	9 2 4	8 7 6
9 4 3	2 6 1	5 8 7
1 5 6	7 9 8	3 2 4
8 2 7	3 4 5	9 6 1

MEDIUM - 117

1 4 2	9 7 6	5 8 3
3 7 6	1 5 8	4 2 9
8 5 9	2 3 4	1 6 7
7 9 1	6 2 3	8 5 4
2 6 5	4 8 9	7 3 1
4 8 3	7 1 5	2 9 6
6 1 7	5 9 2	3 4 8
9 2 8	3 4 7	6 1 5
5 3 4	8 6 1	9 7 2

MEDIUM - 118

2 5 6	9 7 3	1 4 8
1 3 8	2 6 4	9 5 7
4 7 9	8 1 5	6 3 2
9 2 5	6 3 8	4 7 1
3 1 4	5 2 7	8 6 9
8 6 7	1 4 9	3 2 5
7 9 3	4 8 2	5 1 6
5 4 1	7 9 6	2 8 3
6 8 2	3 5 1	7 9 4

MEDIUM - 119

2 1 6	5 4 3	8 7 9
9 3 7	2 8 1	4 6 5
5 8 4	7 6 9	2 3 1
8 2 5	1 3 7	9 4 6
6 7 9	8 5 4	3 1 2
1 4 3	6 9 2	5 8 7
4 5 1	3 2 6	7 9 8
3 6 2	9 7 8	1 5 4
7 9 8	4 1 5	6 2 3

MEDIUM - 120

6 8 3	7 9 4	1 2 5
5 1 2	3 8 6	7 9 4
4 7 9	5 2 1	8 3 6
3 5 6	1 4 8	2 7 9
8 2 7	6 3 9	4 5 1
1 9 4	2 7 5	6 8 3
2 4 8	9 6 3	5 1 7
9 6 5	8 1 7	3 4 2
7 3 1	4 5 2	9 6 8

MEDIUM - 121

5	8	6	9	7	1	4	2	3
4	3	7	2	6	8	1	5	9
9	1	2	4	3	5	8	7	6
8	2	5	6	4	3	9	1	7
7	9	3	8	1	2	6	4	5
6	4	1	5	9	7	3	8	2
2	5	9	1	8	6	7	3	4
3	6	8	7	2	4	5	9	1
1	7	4	3	5	9	2	6	8

MEDIUM - 122

4	2	1	6	8	7	9	5	3
6	8	3	2	5	9	4	1	7
7	9	5	4	3	1	2	6	8
9	5	4	8	6	3	1	7	2
8	6	2	1	7	4	3	9	5
1	3	7	5	9	2	6	8	4
5	4	6	3	1	8	7	2	9
3	7	8	9	2	6	5	4	1
2	1	9	7	4	5	8	3	6

MEDIUM - 123

7	9	4	3	2	6	8	1	5
2	5	3	9	1	8	7	6	4
6	8	1	7	5	4	3	9	2
1	7	6	4	3	2	9	5	8
3	2	9	1	8	5	6	4	7
5	4	8	6	7	9	2	3	1
4	3	7	8	9	1	5	2	6
9	1	2	5	6	7	4	8	3
8	6	5	2	4	3	1	7	9

MEDIUM - 124

6	5	2	7	1	3	4	9	8
9	8	4	2	6	5	1	7	3
3	1	7	4	8	9	2	5	6
4	2	5	8	3	1	7	6	9
1	3	9	5	7	6	8	4	2
7	6	8	9	2	4	3	1	5
8	9	3	1	5	7	6	2	4
2	4	1	6	9	8	5	3	7
5	7	6	3	4	2	9	8	1

MEDIUM - 125

9	3	2	8	1	6	5	7	4
5	1	4	7	3	9	2	8	6
7	8	6	4	5	2	9	3	1
8	7	5	1	6	3	4	9	2
2	9	3	5	7	4	6	1	8
4	6	1	9	2	8	7	5	3
1	4	7	2	8	5	3	6	9
6	2	8	3	9	7	1	4	5
3	5	9	6	4	1	8	2	7

MEDIUM - 126

1	9	2	7	6	5	3	4	8
7	5	4	8	1	3	2	9	6
6	3	8	2	4	9	5	1	7
2	7	9	5	8	4	6	3	1
4	1	6	3	9	7	8	2	5
3	8	5	6	2	1	4	7	9
9	6	1	4	5	2	7	8	3
8	2	3	1	7	6	9	5	4
5	4	7	9	3	8	1	6	2

MEDIUM - 127

7	3	4	8	5	2	1	9	6
9	6	5	4	1	3	8	2	7
1	8	2	7	6	9	4	3	5
5	2	1	3	7	6	9	8	4
3	7	9	1	4	8	5	6	2
6	4	8	9	2	5	3	7	1
4	1	3	2	8	7	6	5	9
8	5	7	6	9	1	2	4	3
2	9	6	5	3	4	7	1	8

MEDIUM - 128

3	4	2	5	6	9	7	1	8
6	8	1	7	4	3	2	5	9
9	7	5	2	8	1	4	3	6
5	3	7	9	1	6	8	4	2
4	2	9	8	3	7	5	6	1
1	6	8	4	2	5	9	7	3
2	5	3	6	7	8	1	9	4
7	1	4	3	9	2	6	8	5
8	9	6	1	5	4	3	2	7

MEDIUM - 129

7	1	5	3	6	9	8	2	4
2	3	8	5	1	4	9	7	6
9	6	4	2	8	7	3	1	5
6	2	9	1	3	8	4	5	7
8	7	1	4	9	5	2	6	3
5	4	3	6	7	2	1	8	9
3	8	6	9	5	1	7	4	2
4	5	7	8	2	3	6	9	1
1	9	2	7	4	6	5	3	8

MEDIUM - 130

2	7	3	1	8	5	9	6	4
5	8	1	6	9	4	3	2	7
4	6	9	2	7	3	1	5	8
1	9	6	5	3	7	4	8	2
3	2	7	4	1	8	5	9	6
8	4	5	9	6	2	7	1	3
6	1	2	7	4	9	8	3	5
7	5	8	3	2	1	6	4	9
9	3	4	8	5	6	2	7	1

MEDIUM - 131

5	6	1	8	2	4	3	7	9
7	8	3	9	1	5	6	2	4
2	9	4	7	6	3	1	5	8
6	7	2	3	5	8	4	9	1
9	4	5	6	7	1	8	3	2
1	3	8	2	4	9	7	6	5
3	2	9	4	8	7	5	1	6
8	1	7	5	9	6	2	4	3
4	5	6	1	3	2	9	8	7

MEDIUM - 132

9	1	7	6	2	4	3	8	5
2	6	3	9	8	5	1	7	4
4	5	8	1	7	3	9	2	6
7	9	5	3	1	8	6	4	2
1	8	2	5	4	6	7	9	3
3	4	6	7	9	2	8	5	1
8	7	4	2	3	1	5	6	9
6	3	9	4	5	7	2	1	8
5	2	1	8	6	9	4	3	7

MEDIUM - 133

9	8	4	6	7	2	1	5	3
7	2	6	1	3	5	4	9	8
5	1	3	9	4	8	2	7	6
8	9	2	7	1	6	3	4	5
6	4	1	5	8	3	7	2	9
3	7	5	2	9	4	8	6	1
2	6	7	3	5	1	9	8	4
4	3	9	8	6	7	5	1	2
1	5	8	4	2	9	6	3	7

MEDIUM - 134

2	8	5	4	1	3	7	6	9
4	9	7	2	6	8	1	3	5
6	1	3	7	5	9	2	4	8
8	7	4	5	3	1	6	9	2
5	6	2	8	9	4	3	1	7
1	3	9	6	2	7	8	5	4
7	2	1	3	4	5	9	8	6
9	4	8	1	7	6	5	2	3
3	5	6	9	8	2	4	7	1

MEDIUM - 135

7	9	3	6	1	4	8	2	5
8	1	6	7	5	2	3	9	4
2	4	5	3	9	8	1	6	7
5	3	1	9	6	7	2	4	8
6	8	4	2	3	1	5	7	9
9	7	2	4	8	5	6	1	3
1	2	9	8	7	3	4	5	6
4	6	8	5	2	9	7	3	1
3	5	7	1	4	6	9	8	2

MEDIUM - 136

2	8	3	9	1	7	5	4	6
6	9	1	5	4	3	7	8	2
7	5	4	6	8	2	9	1	3
8	7	9	1	3	6	2	5	4
1	2	5	8	7	4	3	6	9
3	4	6	2	9	5	8	7	1
4	1	7	3	5	9	6	2	8
9	6	8	7	2	1	4	3	5
5	3	2	4	6	8	1	9	7

MEDIUM - 137

8	3	5	4	6	7	9	1	2
7	1	9	8	3	2	4	5	6
4	6	2	5	9	1	8	7	3
9	4	1	6	8	5	2	3	7
5	2	7	1	4	3	6	9	8
6	8	3	7	2	9	1	4	5
3	9	4	2	5	8	7	6	1
2	7	6	3	1	4	5	8	9
1	5	8	9	7	6	3	2	4

MEDIUM - 138

7	6	9	4	3	2	8	1	5
5	2	4	6	1	8	7	9	3
1	8	3	7	5	9	4	6	2
8	7	6	1	4	3	2	5	9
4	3	5	2	9	7	1	8	6
2	9	1	5	8	6	3	4	7
6	5	2	8	7	4	9	3	1
9	1	8	3	2	5	6	7	4
3	4	7	9	6	1	5	2	8

MEDIUM - 139

3	4	7	6	1	9	8	5	2
6	8	5	2	3	4	1	7	9
9	1	2	7	8	5	3	4	6
8	2	1	3	7	6	5	9	4
7	9	6	4	5	1	2	8	3
4	5	3	8	9	2	7	6	1
1	6	4	5	2	8	9	3	7
2	3	8	9	4	7	6	1	5
5	7	9	1	6	3	4	2	8

MEDIUM - 140

7	2	9	8	4	5	1	6	3
8	5	3	9	1	6	7	4	2
6	4	1	3	2	7	8	9	5
3	8	2	5	9	1	4	7	6
4	9	7	2	6	3	5	1	8
1	6	5	4	7	8	3	2	9
9	7	8	6	3	4	2	5	1
2	3	4	1	5	9	6	8	7
5	1	6	7	8	2	9	3	4

MEDIUM - 141

8	2	4	3	1	7	5	6	9
9	7	1	2	5	6	3	8	4
5	3	6	4	8	9	2	1	7
2	4	7	6	9	3	1	5	8
6	9	8	1	7	5	4	3	2
1	5	3	8	4	2	9	7	6
3	6	9	5	2	8	7	4	1
7	1	5	9	6	4	8	2	3
4	8	2	7	3	1	6	9	5

MEDIUM - 142

9	7	6	1	4	3	5	2	8
4	2	3	9	8	5	7	1	6
1	5	8	6	2	7	3	4	9
3	4	5	2	7	9	6	8	1
7	8	1	4	3	6	9	5	2
6	9	2	5	1	8	4	7	3
8	6	9	7	5	1	2	3	4
2	3	7	8	9	4	1	6	5
5	1	4	3	6	2	8	9	7

MEDIUM - 143

8	4	2	6	1	5	7	3	9
1	3	5	8	7	9	2	6	4
7	9	6	3	2	4	8	5	1
4	8	7	1	6	3	9	2	5
5	1	9	4	8	2	6	7	3
6	2	3	5	9	7	4	1	8
9	5	4	7	3	6	1	8	2
2	7	8	9	5	1	3	4	6
3	6	1	2	4	8	5	9	7

MEDIUM - 144

1	5	2	9	6	8	7	3	4
6	4	9	3	1	7	5	8	2
7	8	3	2	4	5	9	6	1
5	7	1	6	3	4	2	9	8
8	3	6	5	9	2	1	4	7
9	2	4	8	7	1	3	5	6
4	1	5	7	8	9	6	2	3
3	9	7	4	2	6	8	1	5
2	6	8	1	5	3	4	7	9

MEDIUM - 145

3	6	8	4	2	7	5	9	1
1	9	5	3	8	6	2	4	7
4	7	2	1	5	9	6	8	3
9	1	7	5	3	2	4	6	8
8	2	6	9	1	4	3	7	5
5	3	4	7	6	8	9	1	2
2	5	9	8	4	1	7	3	6
7	8	3	6	9	5	1	2	4
6	4	1	2	7	3	8	5	9

MEDIUM - 146

7	8	5	3	4	9	1	2	6
4	1	2	5	6	7	8	3	9
9	6	3	2	8	1	4	5	7
6	2	7	9	5	8	3	1	4
5	9	1	7	3	4	2	6	8
8	3	4	6	1	2	7	9	5
1	4	9	8	2	6	5	7	3
3	7	8	1	9	5	6	4	2
2	5	6	4	7	3	9	8	1

MEDIUM - 147

4	2	1	3	7	8	9	5	6
8	9	3	1	5	6	2	4	7
6	5	7	2	4	9	3	8	1
5	4	9	7	8	2	6	1	3
1	7	6	9	3	4	8	2	5
2	3	8	6	1	5	7	9	4
3	1	2	4	9	7	5	6	8
9	8	4	5	6	3	1	7	2
7	6	5	8	2	1	4	3	9

MEDIUM - 148

4	5	9	1	2	6	3	7	8
1	8	6	7	9	3	4	5	2
7	2	3	5	4	8	6	9	1
9	1	4	8	5	7	2	3	6
5	3	2	6	1	4	9	8	7
8	6	7	9	3	2	1	4	5
2	4	8	3	6	5	7	1	9
6	7	1	4	8	9	5	2	3
3	9	5	2	7	1	8	6	4

MEDIUM - 149

9	6	4	2	7	3	1	8	5
2	3	8	9	1	5	7	6	4
7	5	1	8	4	6	9	3	2
4	9	2	6	8	1	3	5	7
5	1	7	4	3	2	8	9	6
6	8	3	5	9	7	4	2	1
3	4	6	1	2	8	5	7	9
8	2	9	7	5	4	6	1	3
1	7	5	3	6	9	2	4	8

MEDIUM - 150

8	4	7	3	1	9	5	2	6
2	5	6	7	4	8	9	1	3
3	9	1	6	2	5	4	8	7
1	6	3	4	7	2	8	5	9
4	2	8	9	5	6	7	3	1
9	7	5	8	3	1	6	4	2
7	8	4	1	9	3	2	6	5
6	3	2	5	8	7	1	9	4
5	1	9	2	6	4	3	7	8

MEDIUM - 151

7	3	1	9	2	4	5	8	6
5	2	8	3	1	6	7	4	9
9	6	4	8	7	5	1	3	2
2	9	5	7	8	3	6	1	4
8	4	6	5	9	1	3	2	7
3	1	7	4	6	2	8	9	5
1	8	9	2	5	7	4	6	3
4	7	2	6	3	8	9	5	1
6	5	3	1	4	9	2	7	8

MEDIUM - 152

8	9	4	6	5	2	7	1	3
7	5	2	4	1	3	6	9	8
6	3	1	9	8	7	5	4	2
5	4	9	7	6	8	3	2	1
1	2	6	5	3	9	8	7	4
3	8	7	2	4	1	9	6	5
9	7	8	3	2	4	1	5	6
2	6	3	1	7	5	4	8	9
4	1	5	8	9	6	2	3	7

MEDIUM - 153

4	8	2	7	3	5	6	9	1
7	1	3	8	6	9	4	5	2
6	5	9	1	2	4	7	8	3
9	2	4	3	8	6	1	7	5
8	6	5	4	1	7	2	3	9
3	7	1	9	5	2	8	6	4
2	3	6	5	7	1	9	4	8
1	9	8	6	4	3	5	2	7
5	4	7	2	9	8	3	1	6

MEDIUM - 154

5	2	8	1	3	4	9	6	7
6	9	4	5	7	2	3	8	1
7	1	3	8	9	6	5	4	2
8	6	7	4	1	5	2	9	3
9	3	2	6	8	7	1	5	4
1	4	5	3	2	9	8	7	6
3	7	6	9	5	1	4	2	8
2	5	1	7	4	8	6	3	9
4	8	9	2	6	3	7	1	5

MEDIUM - 155

7	9	1	2	6	8	5	4	3
8	2	4	3	5	7	9	1	6
5	3	6	9	1	4	2	7	8
3	5	9	4	7	1	6	8	2
1	8	7	5	2	6	3	9	4
6	4	2	8	3	9	7	5	1
4	6	8	7	9	2	1	3	5
2	7	3	1	8	5	4	6	9
9	1	5	6	4	3	8	2	7

MEDIUM - 156

8	2	7	3	9	5	6	4	1
3	4	5	1	7	6	9	8	2
9	1	6	8	2	4	3	7	5
7	5	1	4	3	8	2	6	9
6	9	8	5	1	2	4	3	7
2	3	4	9	6	7	5	1	8
5	8	2	7	4	3	1	9	6
1	7	3	6	5	9	8	2	4
4	6	9	2	8	1	7	5	3

MEDIUM - 157

8	3	2	4	6	1	9	5	7
9	5	1	8	7	3	4	6	2
4	7	6	2	9	5	8	3	1
6	8	9	5	1	7	2	4	3
7	4	3	9	8	2	6	1	5
2	1	5	6	3	4	7	9	8
3	2	4	7	5	9	1	8	6
5	9	8	1	2	6	3	7	4
1	6	7	3	4	8	5	2	9

MEDIUM - 158

5	3	7	2	1	9	6	8	4
4	8	1	7	6	5	2	9	3
2	9	6	8	3	4	5	1	7
3	2	5	9	4	1	7	6	8
9	7	4	3	8	6	1	5	2
6	1	8	5	2	7	3	4	9
7	4	2	1	5	8	9	3	6
8	5	9	6	7	3	4	2	1
1	6	3	4	9	2	8	7	5

MEDIUM - 159

4	8	9	1	2	5	7	3	6
3	2	5	7	9	6	8	1	4
6	1	7	8	3	4	2	9	5
7	6	8	3	5	1	9	4	2
1	9	4	2	7	8	5	6	3
2	5	3	6	4	9	1	8	7
5	7	1	9	6	3	4	2	8
8	3	2	4	1	7	6	5	9
9	4	6	5	8	2	3	7	1

MEDIUM - 160

6	9	2	8	1	5	3	4	7
4	3	5	9	6	7	2	1	8
8	7	1	3	2	4	5	9	6
9	1	3	5	8	2	7	6	4
5	2	6	7	4	1	8	3	9
7	8	4	6	3	9	1	2	5
2	5	7	1	9	6	4	8	3
1	6	8	4	5	3	9	7	2
3	4	9	2	7	8	6	5	1

MEDIUM - 161

1	7	8	4	5	6	3	9	2
3	2	4	8	1	9	6	7	5
9	6	5	7	3	2	1	4	8
6	9	3	5	7	1	8	2	4
5	8	1	9	2	4	7	3	6
2	4	7	3	6	8	5	1	9
7	5	6	2	4	3	9	8	1
4	3	9	1	8	5	2	6	7
8	1	2	6	9	7	4	5	3

MEDIUM - 162

3	4	1	6	5	7	8	9	2
7	9	2	4	8	3	1	6	5
8	6	5	1	2	9	3	4	7
4	1	7	3	6	8	5	2	9
5	2	3	7	9	1	4	8	6
9	8	6	2	4	5	7	1	3
1	7	9	8	3	6	2	5	4
6	3	4	5	1	2	9	7	8
2	5	8	9	7	4	6	3	1

MEDIUM - 163

7	3	1	4	9	8	5	2	6
4	5	6	3	1	2	9	7	8
8	2	9	5	7	6	1	3	4
2	1	8	7	6	3	4	9	5
5	4	7	8	2	9	6	1	3
6	9	3	1	4	5	2	8	7
1	8	4	2	5	7	3	6	9
3	6	2	9	8	4	7	5	1
9	7	5	6	3	1	8	4	2

MEDIUM - 164

2	8	9	6	3	4	1	5	7
4	6	1	9	5	7	2	8	3
5	7	3	2	8	1	9	4	6
9	1	8	7	4	5	6	3	2
7	4	2	3	1	6	8	9	5
6	3	5	8	9	2	4	7	1
8	9	6	1	7	3	5	2	4
3	2	4	5	6	9	7	1	8
1	5	7	4	2	8	3	6	9

MEDIUM - 165

3	7	1	4	8	9	5	6	2
5	6	4	3	1	2	9	8	7
9	8	2	5	6	7	4	1	3
4	2	9	1	7	6	3	5	8
8	5	7	2	3	4	1	9	6
1	3	6	9	5	8	7	2	4
2	4	5	8	9	3	6	7	1
6	1	8	7	4	5	2	3	9
7	9	3	6	2	1	8	4	5

MEDIUM - 166

9	2	5	7	4	3	6	8	1
1	4	7	6	8	5	3	9	2
6	3	8	9	1	2	7	5	4
4	8	1	3	6	7	9	2	5
3	5	9	1	2	8	4	7	6
2	7	6	4	5	9	8	1	3
8	1	4	2	9	6	5	3	7
5	6	3	8	7	1	2	4	9
7	9	2	5	3	4	1	6	8

MEDIUM - 167

8	6	3	7	4	1	2	9	5
2	4	9	3	5	8	1	7	6
7	1	5	2	6	9	4	8	3
9	5	4	6	3	7	8	2	1
3	8	7	1	2	4	5	6	9
6	2	1	9	8	5	3	4	7
4	3	6	5	9	2	7	1	8
5	7	8	4	1	6	9	3	2
1	9	2	8	7	3	6	5	4

MEDIUM - 168

3	8	5	6	2	1	4	9	7
6	4	1	9	5	7	2	3	8
7	9	2	8	4	3	6	1	5
2	7	9	3	6	8	1	5	4
1	3	6	5	7	4	8	2	9
4	5	8	1	9	2	7	6	3
9	6	7	4	1	5	3	8	2
8	1	4	2	3	9	5	7	6
5	2	3	7	8	6	9	4	1

MEDIUM - 169

1 9 2	4 7 5	6 8 3
8 3 7	6 1 2	9 4 5
5 6 4	3 9 8	1 2 7
7 5 1	8 2 3	4 6 9
2 4 3	5 6 9	8 7 1
6 8 9	7 4 1	5 3 2
9 2 6	1 3 4	7 5 8
3 7 5	9 8 6	2 1 4
4 1 8	2 5 7	3 9 6

MEDIUM - 170

6 4 5	9 1 2	8 3 7
2 9 8	6 3 7	4 1 5
7 1 3	5 4 8	9 6 2
4 8 7	2 5 6	3 9 1
9 6 1	3 7 4	2 5 8
5 3 2	8 9 1	7 4 6
8 7 4	1 6 9	5 2 3
3 2 6	4 8 5	1 7 9
1 5 9	7 2 3	6 8 4

MEDIUM - 171

7 6 3	2 5 9	8 4 1
4 9 8	7 6 1	2 3 5
5 2 1	3 4 8	7 9 6
3 7 9	6 2 4	5 1 8
2 1 5	9 8 7	4 6 3
8 4 6	1 3 5	9 7 2
9 5 7	8 1 6	3 2 4
6 8 2	4 9 3	1 5 7
1 3 4	5 7 2	6 8 9

MEDIUM - 172

7 8 6	5 4 1	3 2 9
2 9 5	7 3 6	4 1 8
1 4 3	2 8 9	6 5 7
9 7 2	6 1 8	5 4 3
6 3 4	9 7 5	2 8 1
8 5 1	4 2 3	9 7 6
3 2 8	1 6 4	7 9 5
5 6 7	8 9 2	1 3 4
4 1 9	3 5 7	8 6 2

MEDIUM - 173

4 5 6	2 7 9	3 8 1
3 7 9	1 5 8	2 6 4
1 2 8	4 6 3	9 5 7
9 6 7	8 2 1	4 3 5
8 3 2	7 4 5	1 9 6
5 1 4	3 9 6	7 2 8
7 9 3	5 8 4	6 1 2
2 8 1	6 3 7	5 4 9
6 4 5	9 1 2	8 7 3

MEDIUM - 174

6 1 3	9 2 5	7 4 8
8 9 4	6 1 7	5 2 3
5 7 2	3 4 8	1 6 9
4 6 1	5 9 2	8 3 7
3 8 9	1 7 4	2 5 6
7 2 5	8 3 6	9 1 4
1 3 6	2 8 9	4 7 5
9 5 7	4 6 1	3 8 2
2 4 8	7 5 3	6 9 1

MEDIUM - 175

3 2 9	1 7 8	6 5 4
5 7 8	9 6 4	2 1 3
6 4 1	2 3 5	9 8 7
2 5 7	6 9 1	3 4 8
9 1 4	8 2 3	7 6 5
8 3 6	4 5 7	1 2 9
1 6 3	5 8 9	4 7 2
4 9 5	7 1 2	8 3 6
7 8 2	3 4 6	5 9 1

MEDIUM - 176

1 4 5	8 9 2	7 3 6
6 9 7	3 4 1	8 5 2
8 3 2	7 5 6	4 9 1
4 7 9	2 6 3	5 1 8
3 8 1	5 7 4	2 6 9
2 5 6	1 8 9	3 7 4
9 1 3	4 2 5	6 8 7
5 2 8	6 1 7	9 4 3
7 6 4	9 3 8	1 2 5

MEDIUM - 177

8	5	7	3	9	4	2	1	6
4	9	3	1	2	6	7	8	5
1	6	2	5	8	7	4	9	3
2	1	5	6	4	8	9	3	7
6	3	8	9	7	5	1	2	4
9	7	4	2	3	1	6	5	8
3	2	6	4	5	9	8	7	1
7	4	9	8	1	3	5	6	2
5	8	1	7	6	2	3	4	9

MEDIUM - 178

4	8	2	1	9	6	3	5	7
3	6	7	8	4	5	9	2	1
1	9	5	3	7	2	4	8	6
2	5	9	7	6	3	8	1	4
6	4	3	9	1	8	2	7	5
7	1	8	2	5	4	6	9	3
8	3	1	4	2	7	5	6	9
9	2	6	5	3	1	7	4	8
5	7	4	6	8	9	1	3	2

MEDIUM - 179

6	3	7	5	8	2	4	1	9
9	5	8	6	1	4	3	2	7
4	2	1	7	3	9	6	5	8
2	7	4	3	5	6	8	9	1
1	9	5	8	4	7	2	3	6
3	8	6	2	9	1	7	4	5
7	4	2	9	6	5	1	8	3
8	6	9	1	2	3	5	7	4
5	1	3	4	7	8	9	6	2

MEDIUM - 180

3	5	6	7	8	9	4	2	1
2	4	1	3	5	6	7	8	9
8	7	9	1	4	2	5	6	3
1	6	4	9	2	7	8	3	5
5	3	2	4	6	8	9	1	7
7	9	8	5	3	1	2	4	6
6	1	7	8	9	4	3	5	2
9	8	3	2	1	5	6	7	4
4	2	5	6	7	3	1	9	8

MEDIUM - 181

8	3	4	6	1	9	7	5	2
2	6	1	8	7	5	9	3	4
5	9	7	2	4	3	1	8	6
4	1	9	3	5	7	6	2	8
3	5	8	1	6	2	4	7	9
6	7	2	4	9	8	3	1	5
9	2	3	7	8	4	5	6	1
7	4	6	5	2	1	8	9	3
1	8	5	9	3	6	2	4	7

MEDIUM - 182

3	1	6	2	9	8	4	7	5
7	2	8	5	1	4	3	9	6
5	4	9	6	3	7	1	2	8
4	9	1	7	2	5	6	8	3
2	6	7	1	8	3	5	4	9
8	3	5	4	6	9	2	1	7
1	7	3	9	4	6	8	5	2
6	5	4	8	7	2	9	3	1
9	8	2	3	5	1	7	6	4

MEDIUM - 183

3	9	5	7	6	2	1	8	4
8	7	6	4	9	1	5	3	2
2	4	1	8	5	3	9	7	6
7	1	9	6	3	4	2	5	8
6	5	8	2	7	9	4	1	3
4	3	2	1	8	5	7	6	9
9	2	7	3	1	8	6	4	5
5	6	3	9	4	7	8	2	1
1	8	4	5	2	6	3	9	7

MEDIUM - 184

1	4	6	9	5	7	8	2	3
2	7	8	6	4	3	1	9	5
9	3	5	2	8	1	4	7	6
6	2	7	3	9	8	5	1	4
5	9	3	7	1	4	2	6	8
8	1	4	5	2	6	7	3	9
4	6	9	8	7	2	3	5	1
3	8	2	1	6	5	9	4	7
7	5	1	4	3	9	6	8	2

MEDIUM - 185

6	8	3	9	5	2	7	4	1
4	7	5	1	8	3	6	9	2
2	9	1	4	6	7	8	3	5
8	1	9	7	2	5	4	6	3
3	5	2	8	4	6	9	1	7
7	4	6	3	9	1	5	2	8
1	3	8	6	7	9	2	5	4
5	6	4	2	1	8	3	7	9
9	2	7	5	3	4	1	8	6

MEDIUM - 186

9	7	2	1	6	3	4	8	5
3	4	6	9	8	5	1	7	2
8	5	1	2	4	7	9	3	6
5	2	8	6	1	4	3	9	7
7	6	4	3	9	2	8	5	1
1	9	3	7	5	8	6	2	4
6	8	7	5	3	1	2	4	9
2	3	9	4	7	6	5	1	8
4	1	5	8	2	9	7	6	3

MEDIUM - 187

1	6	7	8	9	2	5	3	4
9	8	4	1	5	3	6	7	2
3	2	5	7	4	6	8	1	9
6	9	2	4	1	8	7	5	3
8	5	3	6	7	9	4	2	1
4	7	1	3	2	5	9	8	6
5	1	6	9	3	7	2	4	8
2	3	9	5	8	4	1	6	7
7	4	8	2	6	1	3	9	5

MEDIUM - 188

8	5	6	3	2	9	4	1	7
2	4	7	8	6	1	3	9	5
9	1	3	5	4	7	2	8	6
5	6	9	4	7	8	1	3	2
4	8	1	2	3	5	7	6	9
7	3	2	1	9	6	5	4	8
6	9	5	7	1	3	8	2	4
3	7	4	6	8	2	9	5	1
1	2	8	9	5	4	6	7	3

MEDIUM - 189

5	2	3	8	6	7	9	1	4
8	7	4	1	2	9	3	6	5
6	1	9	4	3	5	7	8	2
4	3	1	2	9	6	5	7	8
7	9	8	3	5	4	1	2	6
2	6	5	7	1	8	4	9	3
1	4	6	5	7	2	8	3	9
9	8	7	6	4	3	2	5	1
3	5	2	9	8	1	6	4	7

MEDIUM - 190

3	8	1	5	9	7	4	6	2
9	6	4	2	3	1	5	8	7
5	7	2	4	6	8	9	3	1
7	3	5	1	4	6	2	9	8
8	4	6	3	2	9	7	1	5
2	1	9	8	7	5	3	4	6
1	9	7	6	5	3	8	2	4
4	5	8	9	1	2	6	7	3
6	2	3	7	8	4	1	5	9

MEDIUM - 191

1	6	8	9	5	4	7	2	3
4	5	7	1	3	2	8	6	9
3	9	2	6	8	7	4	5	1
2	8	9	4	7	6	1	3	5
6	3	5	8	1	9	2	4	7
7	1	4	3	2	5	9	8	6
5	4	1	2	9	3	6	7	8
9	2	3	7	6	8	5	1	4
8	7	6	5	4	1	3	9	2

MEDIUM - 192

4	8	1	2	9	6	7	3	5
2	6	3	4	7	5	9	8	1
9	5	7	3	1	8	2	6	4
6	4	9	7	3	2	5	1	8
7	3	8	6	5	1	4	9	2
5	1	2	8	4	9	6	7	3
3	9	5	1	2	7	8	4	6
8	2	4	9	6	3	1	5	7
1	7	6	5	8	4	3	2	9

MEDIUM - 193

6	2	7	5	8	3	9	1	4
3	1	8	4	2	9	7	6	5
9	4	5	6	7	1	2	8	3
7	9	3	2	4	6	1	5	8
8	5	1	3	9	7	6	4	2
4	6	2	8	1	5	3	7	9
1	8	4	7	3	2	5	9	6
2	7	6	9	5	4	8	3	1
5	3	9	1	6	8	4	2	7

MEDIUM - 194

6	8	4	3	9	2	7	5	1
9	1	3	5	7	4	8	6	2
5	2	7	6	1	8	9	3	4
7	5	2	9	6	3	1	4	8
1	6	9	4	8	7	5	2	3
4	3	8	2	5	1	6	7	9
2	7	1	8	4	6	3	9	5
3	9	6	1	2	5	4	8	7
8	4	5	7	3	9	2	1	6

MEDIUM - 195

2	4	9	3	6	8	7	5	1
1	8	7	4	5	2	6	9	3
5	6	3	1	9	7	8	4	2
4	9	6	8	2	3	1	7	5
7	2	5	9	1	6	4	3	8
3	1	8	5	7	4	9	2	6
9	7	1	2	8	5	3	6	4
6	3	2	7	4	1	5	8	9
8	5	4	6	3	9	2	1	7

MEDIUM - 196

7	6	9	3	2	5	1	4	8
5	8	1	9	6	4	7	2	3
4	2	3	1	8	7	9	5	6
2	3	7	4	5	9	6	8	1
6	1	5	7	3	8	4	9	2
9	4	8	2	1	6	3	7	5
3	9	6	5	4	2	8	1	7
8	5	4	6	7	1	2	3	9
1	7	2	8	9	3	5	6	4

MEDIUM - 197

5	4	8	2	3	1	7	9	6
1	3	7	6	5	9	8	2	4
9	6	2	8	7	4	3	1	5
7	1	4	9	8	2	6	5	3
2	9	5	3	4	6	1	7	8
3	8	6	7	1	5	2	4	9
4	5	3	1	2	8	9	6	7
8	2	9	5	6	7	4	3	1
6	7	1	4	9	3	5	8	2

MEDIUM - 198

1	6	3	7	9	4	8	2	5
5	2	4	8	3	1	7	9	6
9	8	7	6	2	5	4	1	3
4	3	8	9	5	6	2	7	1
2	9	1	4	7	3	5	6	8
6	7	5	2	1	8	3	4	9
8	1	2	3	6	7	9	5	4
3	5	9	1	4	2	6	8	7
7	4	6	5	8	9	1	3	2

MEDIUM - 199

1	6	9	2	4	7	3	8	5
7	4	3	1	5	8	2	6	9
8	2	5	6	3	9	1	4	7
3	5	2	9	6	1	8	7	4
6	8	4	7	2	3	9	5	1
9	1	7	5	8	4	6	3	2
4	3	1	8	9	5	7	2	6
2	9	8	4	7	6	5	1	3
5	7	6	3	1	2	4	9	8

MEDIUM - 200

8	1	3	7	9	6	5	2	4
2	4	6	3	5	1	9	8	7
9	7	5	4	2	8	3	1	6
7	6	1	8	3	5	4	9	2
3	2	8	6	4	9	7	5	1
5	9	4	2	1	7	6	3	8
4	5	9	1	7	2	8	6	3
6	3	2	9	8	4	1	7	5
1	8	7	5	6	3	2	4	9

HARD - 201

9	8	6	1	2	3	4	7	5
2	3	1	7	4	5	8	9	6
7	4	5	9	8	6	1	3	2
8	6	4	5	1	7	3	2	9
5	9	3	4	6	2	7	1	8
1	7	2	8	3	9	6	5	4
4	5	7	3	9	8	2	6	1
3	2	8	6	5	1	9	4	7
6	1	9	2	7	4	5	8	3

HARD - 202

1	2	7	8	9	3	4	5	6
6	9	3	7	5	4	1	8	2
4	5	8	2	6	1	9	7	3
2	8	4	9	3	7	6	1	5
7	1	9	6	4	5	2	3	8
5	3	6	1	8	2	7	4	9
8	6	1	5	7	9	3	2	4
3	7	5	4	2	6	8	9	1
9	4	2	3	1	8	5	6	7

HARD - 203

8	2	1	4	9	6	5	7	3
4	9	3	5	7	1	2	8	6
6	7	5	2	3	8	9	1	4
1	3	9	6	4	5	8	2	7
5	8	4	1	2	7	6	3	9
7	6	2	3	8	9	4	5	1
3	1	8	9	6	2	7	4	5
9	4	7	8	5	3	1	6	2
2	5	6	7	1	4	3	9	8

HARD - 204

7	3	8	9	6	5	4	2	1
5	2	9	3	4	1	7	6	8
1	4	6	7	2	8	3	5	9
8	6	1	4	7	9	5	3	2
2	7	4	5	8	3	1	9	6
3	9	5	2	1	6	8	4	7
9	8	2	1	3	4	6	7	5
6	5	3	8	9	7	2	1	4
4	1	7	6	5	2	9	8	3

HARD - 205

2	5	4	1	8	7	6	3	9
8	7	3	5	9	6	4	2	1
6	9	1	4	3	2	7	8	5
4	1	2	9	6	3	5	7	8
3	6	7	8	2	5	1	9	4
5	8	9	7	1	4	3	6	2
1	4	6	2	7	8	9	5	3
7	2	5	3	4	9	8	1	6
9	3	8	6	5	1	2	4	7

HARD - 206

3	9	5	7	2	4	8	1	6
7	2	8	1	6	3	5	4	9
6	4	1	8	9	5	2	3	7
2	1	6	9	4	8	7	5	3
9	5	4	2	3	7	1	6	8
8	7	3	6	5	1	9	2	4
4	3	7	5	1	9	6	8	2
1	8	2	4	7	6	3	9	5
5	6	9	3	8	2	4	7	1

HARD - 207

2	8	3	7	1	4	9	6	5
7	1	4	6	5	9	8	3	2
9	5	6	8	3	2	4	1	7
6	7	8	5	2	3	1	4	9
4	3	1	9	7	8	2	5	6
5	2	9	4	6	1	7	8	3
3	4	5	1	9	7	6	2	8
1	9	2	3	8	6	5	7	4
8	6	7	2	4	5	3	9	1

HARD - 208

3	2	8	6	1	4	5	9	7
5	7	6	9	3	8	2	1	4
1	9	4	2	5	7	3	8	6
7	3	5	1	4	6	9	2	8
2	6	1	3	8	9	7	4	5
4	8	9	7	2	5	1	6	3
6	1	3	4	7	2	8	5	9
9	5	7	8	6	1	4	3	2
8	4	2	5	9	3	6	7	1

HARD - 209

1	7	8	6	5	4	2	9	3
2	6	5	1	3	9	4	7	8
9	4	3	7	8	2	6	5	1
7	2	4	5	6	8	3	1	9
6	5	1	9	7	3	8	2	4
8	3	9	2	4	1	5	6	7
4	9	6	8	1	5	7	3	2
3	1	7	4	2	6	9	8	5
5	8	2	3	9	7	1	4	6

HARD - 210

2	5	8	9	4	1	6	7	3
7	9	4	2	3	6	8	1	5
1	3	6	7	8	5	2	4	9
8	2	9	5	1	4	7	3	6
4	7	5	3	6	2	1	9	8
3	6	1	8	7	9	5	2	4
9	8	7	6	2	3	4	5	1
6	1	3	4	5	7	9	8	2
5	4	2	1	9	8	3	6	7

HARD - 211

3	6	2	7	9	5	4	1	8
4	7	8	6	3	1	9	5	2
1	5	9	8	4	2	6	7	3
6	2	1	9	5	7	3	8	4
9	4	5	2	8	3	7	6	1
8	3	7	1	6	4	2	9	5
5	9	3	4	7	8	1	2	6
7	1	4	5	2	6	8	3	9
2	8	6	3	1	9	5	4	7

HARD - 212

5	7	2	6	4	3	9	8	1
9	6	8	7	1	2	3	5	4
4	1	3	9	8	5	7	2	6
6	9	4	2	5	7	8	1	3
8	5	1	3	9	4	6	7	2
3	2	7	1	6	8	4	9	5
1	3	9	5	7	6	2	4	8
2	4	5	8	3	9	1	6	7
7	8	6	4	2	1	5	3	9

HARD - 213

4	2	8	3	5	7	6	9	1
9	6	7	4	2	1	3	8	5
5	1	3	6	8	9	2	4	7
1	3	5	7	6	4	9	2	8
6	4	9	2	1	8	7	5	3
8	7	2	9	3	5	4	1	6
2	9	1	5	7	6	8	3	4
7	8	4	1	9	3	5	6	2
3	5	6	8	4	2	1	7	9

HARD - 214

6	4	9	3	5	1	2	7	8
5	3	1	8	7	2	4	6	9
8	2	7	9	6	4	3	5	1
7	5	8	1	3	6	9	2	4
9	6	4	7	2	8	1	3	5
2	1	3	5	4	9	7	8	6
3	7	6	4	1	5	8	9	2
1	8	2	6	9	7	5	4	3
4	9	5	2	8	3	6	1	7

HARD - 215

3	7	1	8	9	6	5	4	2
2	4	5	7	1	3	9	6	8
8	9	6	2	4	5	1	7	3
5	2	4	3	6	8	7	9	1
7	1	9	4	5	2	3	8	6
6	3	8	1	7	9	2	5	4
4	5	7	6	2	1	8	3	9
1	6	3	9	8	7	4	2	5
9	8	2	5	3	4	6	1	7

HARD - 216

6	3	2	1	5	4	7	8	9
8	7	9	6	2	3	4	1	5
5	1	4	8	9	7	6	2	3
7	4	3	5	6	2	1	9	8
9	5	1	3	4	8	2	6	7
2	6	8	9	7	1	3	5	4
3	9	7	2	1	5	8	4	6
4	2	6	7	8	9	5	3	1
1	8	5	4	3	6	9	7	2

HARD - 217

8	9	4	2	6	1	7	5	3
5	6	7	3	8	9	1	4	2
3	1	2	7	5	4	9	8	6
6	7	3	1	9	8	5	2	4
1	8	9	5	4	2	3	6	7
4	2	5	6	3	7	8	9	1
7	5	8	4	2	3	6	1	9
9	4	1	8	7	6	2	3	5
2	3	6	9	1	5	4	7	8

HARD - 218

4	2	1	9	7	3	8	6	5
5	6	3	1	2	8	9	7	4
7	8	9	5	4	6	3	1	2
8	7	4	6	9	1	5	2	3
2	9	6	4	3	5	1	8	7
1	3	5	7	8	2	4	9	6
9	1	2	3	6	4	7	5	8
3	5	8	2	1	7	6	4	9
6	4	7	8	5	9	2	3	1

HARD - 219

8	9	3	7	1	4	5	6	2
6	1	2	5	8	9	7	3	4
5	7	4	3	6	2	1	9	8
4	3	9	8	2	7	6	1	5
7	8	1	6	4	5	3	2	9
2	5	6	9	3	1	8	4	7
9	2	7	1	5	6	4	8	3
3	6	5	4	9	8	2	7	1
1	4	8	2	7	3	9	5	6

HARD - 220

8	3	7	1	5	4	6	2	9
6	5	2	3	8	9	4	7	1
4	9	1	2	7	6	8	3	5
5	4	8	6	1	7	3	9	2
3	2	6	8	9	5	7	1	4
7	1	9	4	3	2	5	6	8
2	7	5	9	4	3	1	8	6
1	6	4	7	2	8	9	5	3
9	8	3	5	6	1	2	4	7

HARD - 221

2	4	6	8	1	3	7	9	5
7	1	8	4	5	9	3	2	6
3	5	9	6	2	7	1	8	4
6	3	2	1	7	5	9	4	8
1	7	5	9	4	8	6	3	2
8	9	4	3	6	2	5	7	1
4	8	3	5	9	6	2	1	7
5	2	1	7	3	4	8	6	9
9	6	7	2	8	1	4	5	3

HARD - 222

4	1	7	2	3	6	8	5	9
6	9	5	1	8	7	2	4	3
2	8	3	4	9	5	6	7	1
8	6	9	7	5	3	1	2	4
1	5	2	9	6	4	7	3	8
7	3	4	8	2	1	9	6	5
3	2	8	5	7	9	4	1	6
5	7	1	6	4	8	3	9	2
9	4	6	3	1	2	5	8	7

HARD - 223

6	9	1	8	3	4	2	7	5
4	2	7	5	6	9	8	1	3
8	3	5	7	2	1	9	4	6
5	4	3	6	8	2	1	9	7
9	1	6	3	4	7	5	8	2
7	8	2	1	9	5	3	6	4
3	7	4	9	5	8	6	2	1
1	5	8	2	7	6	4	3	9
2	6	9	4	1	3	7	5	8

HARD - 224

2	5	8	9	6	1	3	4	7
4	7	3	8	2	5	1	9	6
1	6	9	4	3	7	8	2	5
7	1	6	5	9	4	2	8	3
3	2	5	1	8	6	4	7	9
9	8	4	3	7	2	5	6	1
6	3	7	2	5	8	9	1	4
8	9	1	7	4	3	6	5	2
5	4	2	6	1	9	7	3	8

HARD - 225

5	1	9	3	6	4	8	7	2
2	7	3	8	5	9	4	1	6
4	8	6	2	1	7	9	5	3
7	4	1	6	9	3	5	2	8
8	6	5	7	2	1	3	9	4
3	9	2	4	8	5	7	6	1
6	3	4	9	7	2	1	8	5
1	2	7	5	3	8	6	4	9
9	5	8	1	4	6	2	3	7

HARD - 226

4	3	9	8	6	2	7	1	5
5	7	8	4	1	3	9	6	2
1	2	6	9	7	5	8	4	3
7	5	1	6	4	8	3	2	9
3	6	2	7	5	9	1	8	4
9	8	4	2	3	1	5	7	6
8	9	5	1	2	4	6	3	7
6	4	3	5	8	7	2	9	1
2	1	7	3	9	6	4	5	8

HARD - 227

7	5	3	9	6	8	4	2	1
6	8	2	7	1	4	3	9	5
4	9	1	2	5	3	8	6	7
2	6	4	8	7	9	5	1	3
9	7	5	1	3	2	6	8	4
1	3	8	5	4	6	2	7	9
8	2	7	3	9	5	1	4	6
5	4	9	6	2	1	7	3	8
3	1	6	4	8	7	9	5	2

HARD - 228

4	9	7	5	1	6	3	2	8
6	3	2	4	7	8	9	5	1
5	1	8	9	2	3	4	7	6
7	8	4	1	5	2	6	9	3
9	2	6	7	3	4	8	1	5
3	5	1	8	6	9	2	4	7
8	6	5	2	4	7	1	3	9
2	7	3	6	9	1	5	8	4
1	4	9	3	8	5	7	6	2

HARD - 229

6	8	5	9	1	3	7	4	2
1	9	7	8	4	2	6	3	5
3	4	2	6	7	5	9	8	1
8	1	4	3	9	7	2	5	6
7	6	9	2	5	4	3	1	8
2	5	3	1	8	6	4	9	7
4	7	8	5	2	9	1	6	3
5	2	6	4	3	1	8	7	9
9	3	1	7	6	8	5	2	4

HARD - 230

8	4	7	3	6	2	9	5	1
2	3	5	4	1	9	7	8	6
1	6	9	7	5	8	4	2	3
9	7	8	2	3	6	1	4	5
3	5	4	1	8	7	2	6	9
6	2	1	9	4	5	3	7	8
5	1	2	6	7	3	8	9	4
7	8	3	5	9	4	6	1	2
4	9	6	8	2	1	5	3	7

HARD - 231

3	5	6	1	4	7	2	8	9
1	4	2	8	6	9	7	3	5
9	8	7	5	2	3	1	4	6
5	6	1	2	9	4	8	7	3
7	9	4	3	1	8	6	5	2
2	3	8	6	7	5	9	1	4
8	2	9	4	5	1	3	6	7
6	1	5	7	3	2	4	9	8
4	7	3	9	8	6	5	2	1

HARD - 232

8	4	7	5	2	3	9	6	1
3	5	1	7	9	6	2	4	8
6	9	2	1	8	4	3	7	5
9	1	8	3	6	2	7	5	4
2	7	4	8	5	1	6	9	3
5	3	6	9	4	7	1	8	2
4	6	9	2	1	8	5	3	7
1	8	3	6	7	5	4	2	9
7	2	5	4	3	9	8	1	6

HARD - 233

1	6	5	3	2	7	8	9	4
9	8	4	6	5	1	3	2	7
3	2	7	4	8	9	6	1	5
6	4	3	5	7	2	9	8	1
5	9	2	8	1	4	7	6	3
8	7	1	9	6	3	5	4	2
4	3	6	2	9	5	1	7	8
7	5	8	1	4	6	2	3	9
2	1	9	7	3	8	4	5	6

HARD - 234

9	8	1	4	6	5	3	7	2
5	3	2	7	9	8	4	1	6
7	6	4	3	1	2	5	8	9
2	9	8	6	5	3	7	4	1
6	5	3	1	4	7	9	2	8
1	4	7	8	2	9	6	3	5
8	2	5	9	3	4	1	6	7
4	7	6	5	8	1	2	9	3
3	1	9	2	7	6	8	5	4

HARD - 235

5	4	2	6	3	8	1	9	7
1	7	3	2	9	4	5	6	8
8	9	6	1	5	7	2	4	3
2	8	7	9	4	6	3	1	5
9	1	4	5	7	3	8	2	6
3	6	5	8	1	2	9	7	4
4	5	8	7	2	9	6	3	1
7	2	1	3	6	5	4	8	9
6	3	9	4	8	1	7	5	2

HARD - 236

3	9	8	5	7	2	1	4	6
2	1	6	9	3	4	7	8	5
7	4	5	8	1	6	3	9	2
5	8	9	2	4	3	6	7	1
6	3	7	1	5	8	4	2	9
4	2	1	6	9	7	8	5	3
1	6	2	4	8	9	5	3	7
8	5	3	7	2	1	9	6	4
9	7	4	3	6	5	2	1	8

HARD - 237

6	5	9	4	7	1	2	8	3
3	4	8	2	6	9	5	7	1
1	7	2	3	8	5	6	9	4
5	3	7	9	1	4	8	2	6
9	8	1	5	2	6	3	4	7
4	2	6	8	3	7	1	5	9
8	6	4	7	5	3	9	1	2
7	1	5	6	9	2	4	3	8
2	9	3	1	4	8	7	6	5

HARD - 238

3	2	1	7	9	5	8	6	4
4	6	9	8	2	1	7	5	3
8	5	7	4	6	3	1	9	2
1	9	5	6	3	2	4	7	8
7	8	6	9	1	4	3	2	5
2	4	3	5	8	7	9	1	6
9	1	8	3	5	6	2	4	7
5	3	4	2	7	9	6	8	1
6	7	2	1	4	8	5	3	9

HARD - 239

9	3	5	7	8	4	6	2	1
1	6	8	2	3	9	4	5	7
2	7	4	1	6	5	3	8	9
7	4	2	3	9	6	5	1	8
3	5	6	8	1	7	2	9	4
8	1	9	5	4	2	7	6	3
5	8	3	4	2	1	9	7	6
6	2	1	9	7	3	8	4	5
4	9	7	6	5	8	1	3	2

HARD - 240

5	4	6	1	8	9	3	7	2
9	1	3	2	6	7	4	8	5
7	2	8	4	5	3	1	9	6
6	7	9	5	2	4	8	3	1
1	3	4	8	9	6	5	2	7
2	8	5	3	7	1	9	6	4
4	6	7	9	1	8	2	5	3
8	5	1	7	3	2	6	4	9
3	9	2	6	4	5	7	1	8

HARD - 241

7 9 4	5 2 6	8 1 3
6 3 1	7 9 8	5 4 2
8 5 2	4 3 1	9 7 6
4 1 6	8 7 2	3 9 5
5 2 8	3 1 9	7 6 4
3 7 9	6 5 4	1 2 8
2 4 5	1 8 7	6 3 9
1 6 3	9 4 5	2 8 7
9 8 7	2 6 3	4 5 1

HARD - 242

5 7 4	3 6 9	8 2 1
6 2 8	1 4 7	5 9 3
3 9 1	8 5 2	7 4 6
2 4 3	6 9 8	1 7 5
7 1 9	2 3 5	4 6 8
8 5 6	7 1 4	9 3 2
1 8 7	4 2 6	3 5 9
9 3 2	5 7 1	6 8 4
4 6 5	9 8 3	2 1 7

HARD - 243

3 5 2	8 6 9	7 1 4
6 7 1	2 5 4	9 8 3
8 4 9	1 3 7	2 5 6
2 8 5	4 7 3	6 9 1
9 1 3	6 8 5	4 7 2
4 6 7	9 2 1	5 3 8
1 9 6	5 4 8	3 2 7
7 2 8	3 9 6	1 4 5
5 3 4	7 1 2	8 6 9

HARD - 244

9 3 4	7 6 1	2 8 5
7 2 1	5 3 8	4 6 9
5 6 8	2 4 9	7 1 3
3 4 9	1 8 5	6 7 2
2 1 5	4 7 6	3 9 8
6 8 7	3 9 2	5 4 1
4 9 6	8 2 3	1 5 7
1 7 2	9 5 4	8 3 6
8 5 3	6 1 7	9 2 4

HARD - 245

1 5 2	8 6 9	4 3 7
7 8 6	5 4 3	2 1 9
4 9 3	7 1 2	8 6 5
5 2 9	6 8 1	7 4 3
3 6 1	2 7 4	5 9 8
8 7 4	3 9 5	6 2 1
9 3 8	4 2 7	1 5 6
2 1 7	9 5 6	3 8 4
6 4 5	1 3 8	9 7 2

HARD - 246

6 4 1	9 7 8	5 2 3
8 9 7	3 5 2	4 6 1
5 2 3	1 4 6	9 7 8
7 6 9	4 8 1	2 3 5
1 5 4	6 2 3	7 8 9
2 3 8	7 9 5	6 1 4
4 7 6	8 3 9	1 5 2
9 8 2	5 1 7	3 4 6
3 1 5	2 6 4	8 9 7

HARD - 247

6 2 7	4 9 5	1 3 8
4 3 5	2 8 1	6 7 9
8 9 1	6 7 3	5 2 4
1 4 3	7 2 6	9 8 5
5 8 9	3 1 4	2 6 7
2 7 6	9 5 8	3 4 1
7 1 2	8 6 9	4 5 3
9 6 4	5 3 7	8 1 2
3 5 8	1 4 2	7 9 6

HARD - 248

7 8 3	1 4 2	9 5 6
2 5 6	8 3 9	7 1 4
4 9 1	5 7 6	2 8 3
1 2 5	3 9 7	6 4 8
9 6 7	4 5 8	1 3 2
8 3 4	2 6 1	5 7 9
6 1 2	7 8 4	3 9 5
3 7 8	9 2 5	4 6 1
5 4 9	6 1 3	8 2 7

HARD - 249

6	8	4	5	3	7	9	2	1
1	9	5	4	2	8	7	6	3
2	3	7	6	1	9	8	4	5
9	7	3	8	6	5	2	1	4
4	5	1	7	9	2	6	3	8
8	6	2	1	4	3	5	7	9
7	4	6	9	8	1	3	5	2
5	2	8	3	7	4	1	9	6
3	1	9	2	5	6	4	8	7

HARD - 250

9	8	1	3	4	6	7	2	5
2	3	7	1	9	5	8	6	4
4	5	6	8	2	7	1	3	9
8	4	5	2	6	3	9	7	1
3	1	2	9	7	4	5	8	6
7	6	9	5	8	1	3	4	2
6	7	8	4	5	9	2	1	3
5	2	3	6	1	8	4	9	7
1	9	4	7	3	2	6	5	8

HARD - 251

5	9	7	2	1	3	4	6	8
3	8	1	6	4	7	5	2	9
4	2	6	5	9	8	1	7	3
1	3	8	4	6	9	7	5	2
9	5	4	7	3	2	8	1	6
7	6	2	8	5	1	3	9	4
2	1	3	9	8	5	6	4	7
6	7	5	3	2	4	9	8	1
8	4	9	1	7	6	2	3	5

HARD - 252

2	9	6	4	7	5	8	3	1
4	1	3	8	2	6	5	9	7
5	8	7	1	9	3	2	6	4
1	4	2	5	8	9	3	7	6
9	6	5	3	1	7	4	8	2
7	3	8	6	4	2	1	5	9
8	7	9	2	5	1	6	4	3
3	2	4	7	6	8	9	1	5
6	5	1	9	3	4	7	2	8

HARD - 253

4	7	5	2	6	3	9	1	8
2	8	6	5	9	1	3	7	4
3	9	1	8	7	4	2	5	6
5	2	7	1	8	6	4	9	3
8	1	3	9	4	5	6	2	7
6	4	9	7	3	2	5	8	1
1	6	2	4	5	7	8	3	9
9	5	4	3	1	8	7	6	2
7	3	8	6	2	9	1	4	5

HARD - 254

6	8	3	7	9	4	5	1	2
2	1	7	5	8	6	3	9	4
5	9	4	2	3	1	8	7	6
8	6	9	3	4	5	7	2	1
7	4	1	8	6	2	9	3	5
3	2	5	1	7	9	4	6	8
1	3	2	4	5	7	6	8	9
4	7	6	9	1	8	2	5	3
9	5	8	6	2	3	1	4	7

HARD - 255

7	9	6	3	4	5	8	1	2
8	1	2	9	7	6	3	4	5
3	4	5	8	2	1	7	6	9
5	2	9	1	8	7	6	3	4
1	6	3	4	5	2	9	8	7
4	8	7	6	3	9	5	2	1
2	7	4	5	6	8	1	9	3
6	5	1	2	9	3	4	7	8
9	3	8	7	1	4	2	5	6

HARD - 256

8	2	7	4	6	3	5	9	1
9	5	3	7	1	8	4	2	6
4	1	6	9	5	2	3	8	7
3	4	1	8	2	7	6	5	9
6	7	8	5	3	9	1	4	2
2	9	5	1	4	6	7	3	8
5	6	9	3	8	1	2	7	4
7	3	2	6	9	4	8	1	5
1	8	4	2	7	5	9	6	3

HARD - 257

1 6 7	4 9 8	5 2 3
4 2 9	5 6 3	8 1 7
3 5 8	2 7 1	6 9 4
8 4 2	6 3 7	9 5 1
7 9 5	1 4 2	3 8 6
6 1 3	8 5 9	4 7 2
5 7 1	3 8 6	2 4 9
9 3 4	7 2 5	1 6 8
2 8 6	9 1 4	7 3 5

HARD - 258

2 1 4	5 7 6	3 9 8
9 8 3	1 2 4	6 5 7
5 7 6	3 9 8	2 4 1
1 6 8	2 3 9	4 7 5
3 9 5	8 4 7	1 2 6
7 4 2	6 1 5	9 8 3
4 2 1	7 8 3	5 6 9
8 5 9	4 6 1	7 3 2
6 3 7	9 5 2	8 1 4

HARD - 259

5 2 9	8 3 6	4 1 7
7 6 3	4 9 1	2 5 8
4 8 1	7 2 5	3 9 6
2 5 6	9 7 4	8 3 1
1 9 4	3 6 8	5 7 2
8 3 7	1 5 2	6 4 9
9 7 5	2 8 3	1 6 4
6 1 8	5 4 7	9 2 3
3 4 2	6 1 9	7 8 5

HARD - 260

8 3 9	6 1 2	4 5 7
6 2 7	5 4 8	1 9 3
5 4 1	7 9 3	8 2 6
2 7 8	3 5 9	6 1 4
1 6 3	8 2 4	9 7 5
4 9 5	1 7 6	2 3 8
3 1 4	2 6 7	5 8 9
7 5 6	9 8 1	3 4 2
9 8 2	4 3 5	7 6 1

HARD - 261

1 2 3	7 8 5	9 6 4
6 5 4	9 2 3	7 1 8
8 7 9	4 1 6	3 2 5
4 1 5	3 7 9	2 8 6
7 8 2	5 6 1	4 3 9
3 9 6	2 4 8	1 5 7
9 4 1	8 5 2	6 7 3
5 6 7	1 3 4	8 9 2
2 3 8	6 9 7	5 4 1

HARD - 262

8 3 5	1 4 6	2 9 7
7 1 9	5 8 2	3 4 6
2 6 4	9 7 3	8 1 5
5 9 2	7 3 4	1 6 8
4 8 6	2 1 5	9 7 3
1 7 3	8 6 9	4 5 2
6 5 8	4 2 1	7 3 9
3 4 7	6 9 8	5 2 1
9 2 1	3 5 7	6 8 4

HARD - 263

2 3 9	8 4 6	5 1 7
8 4 5	7 2 1	9 6 3
6 7 1	9 3 5	8 4 2
7 9 2	1 8 3	4 5 6
4 5 6	2 9 7	1 3 8
1 8 3	5 6 4	2 7 9
9 1 7	6 5 8	3 2 4
3 6 8	4 1 2	7 9 5
5 2 4	3 7 9	6 8 1

HARD - 264

7 8 5	3 6 2	1 4 9
9 6 4	1 5 8	7 3 2
3 1 2	7 9 4	8 6 5
4 5 6	2 8 7	3 9 1
1 2 7	5 3 9	4 8 6
8 3 9	6 4 1	5 2 7
5 4 3	9 1 6	2 7 8
6 7 1	8 2 3	9 5 4
2 9 8	4 7 5	6 1 3

HARD - 265

9	7	1	3	5	4	8	2	6
5	3	6	7	2	8	9	4	1
4	2	8	9	1	6	5	3	7
2	1	9	5	4	3	7	6	8
6	4	5	1	8	7	3	9	2
7	8	3	6	9	2	1	5	4
3	5	2	4	7	1	6	8	9
1	6	4	8	3	9	2	7	5
8	9	7	2	6	5	4	1	3

HARD - 266

4	1	9	2	8	7	5	3	6
7	6	2	1	3	5	4	8	9
8	3	5	6	9	4	1	2	7
3	9	8	4	1	6	2	7	5
1	2	7	3	5	9	6	4	8
5	4	6	7	2	8	3	9	1
2	5	4	9	7	1	8	6	3
6	7	1	8	4	3	9	5	2
9	8	3	5	6	2	7	1	4

HARD - 267

1	6	5	4	7	3	8	9	2
8	2	9	6	1	5	7	4	3
7	3	4	8	2	9	5	6	1
3	7	6	9	5	4	1	2	8
5	8	1	7	6	2	4	3	9
9	4	2	1	3	8	6	7	5
4	5	8	2	9	7	3	1	6
2	1	7	3	8	6	9	5	4
6	9	3	5	4	1	2	8	7

HARD - 268

3	1	6	9	7	2	5	4	8
8	9	7	1	5	4	6	2	3
4	5	2	8	3	6	7	9	1
9	6	5	4	1	8	3	7	2
2	4	3	7	6	5	8	1	9
7	8	1	2	9	3	4	6	5
6	3	4	5	2	9	1	8	7
5	7	9	6	8	1	2	3	4
1	2	8	3	4	7	9	5	6

HARD - 269

4	3	9	5	6	2	1	8	7
1	7	8	9	4	3	2	5	6
2	5	6	8	1	7	4	3	9
9	1	2	4	7	5	3	6	8
5	4	3	6	2	8	7	9	1
6	8	7	1	3	9	5	4	2
8	9	1	2	5	4	6	7	3
3	6	4	7	8	1	9	2	5
7	2	5	3	9	6	8	1	4

HARD - 270

8	1	3	6	4	7	5	2	9
5	9	6	2	8	1	4	7	3
2	7	4	5	3	9	8	6	1
4	3	2	7	5	8	9	1	6
7	8	1	9	6	2	3	4	5
9	6	5	3	1	4	2	8	7
3	2	9	4	7	6	1	5	8
1	5	7	8	2	3	6	9	4
6	4	8	1	9	5	7	3	2

HARD - 271

8	7	2	4	1	9	3	6	5
4	5	1	7	3	6	9	8	2
3	6	9	2	8	5	4	7	1
9	1	5	8	4	3	7	2	6
2	3	7	9	6	1	8	5	4
6	4	8	5	2	7	1	9	3
7	8	3	1	5	2	6	4	9
5	9	6	3	7	4	2	1	8
1	2	4	6	9	8	5	3	7

HARD - 272

1	9	4	8	6	7	5	2	3
2	7	8	9	3	5	4	6	1
5	3	6	2	4	1	9	7	8
9	5	7	4	2	8	1	3	6
3	4	2	1	9	6	8	5	7
8	6	1	5	7	3	2	9	4
4	2	3	6	1	9	7	8	5
7	1	5	3	8	2	6	4	9
6	8	9	7	5	4	3	1	2

HARD - 273

8	1	6	3	2	4	7	9	5
5	2	4	6	7	9	1	3	8
9	7	3	5	1	8	6	2	4
3	9	2	7	4	1	5	8	6
7	4	5	8	3	6	9	1	2
1	6	8	9	5	2	4	7	3
4	3	7	2	9	5	8	6	1
2	8	1	4	6	7	3	5	9
6	5	9	1	8	3	2	4	7

HARD - 274

1	8	7	9	5	4	2	6	3
3	2	9	1	8	6	7	5	4
6	5	4	7	2	3	9	8	1
9	6	2	4	1	5	8	3	7
7	3	8	2	6	9	4	1	5
4	1	5	8	3	7	6	9	2
5	4	1	6	7	8	3	2	9
2	7	6	3	9	1	5	4	8
8	9	3	5	4	2	1	7	6

HARD - 275

1	9	7	8	4	5	6	2	3
8	2	4	1	3	6	7	9	5
5	3	6	9	7	2	4	8	1
3	4	2	6	8	1	9	5	7
9	7	5	3	2	4	8	1	6
6	1	8	5	9	7	3	4	2
7	5	3	4	1	8	2	6	9
4	6	9	2	5	3	1	7	8
2	8	1	7	6	9	5	3	4

HARD - 276

3	8	7	4	2	1	5	6	9
2	6	9	8	7	5	3	1	4
1	4	5	6	3	9	2	8	7
4	7	6	3	5	2	8	9	1
9	3	2	7	1	8	6	4	5
5	1	8	9	6	4	7	2	3
8	9	3	2	4	7	1	5	6
7	2	1	5	9	6	4	3	8
6	5	4	1	8	3	9	7	2

HARD - 277

4	5	1	7	3	6	2	8	9
6	3	8	2	5	9	1	7	4
9	7	2	1	8	4	3	5	6
2	9	7	6	1	5	4	3	8
3	4	6	8	2	7	9	1	5
8	1	5	4	9	3	7	6	2
1	2	9	5	7	8	6	4	3
5	6	3	9	4	1	8	2	7
7	8	4	3	6	2	5	9	1

HARD - 278

3	4	1	9	8	5	7	2	6
8	9	7	4	6	2	5	1	3
5	2	6	7	1	3	8	4	9
9	6	4	3	5	1	2	8	7
1	8	3	6	2	7	4	9	5
2	7	5	8	4	9	6	3	1
7	5	8	1	9	4	3	6	2
6	3	9	2	7	8	1	5	4
4	1	2	5	3	6	9	7	8

HARD - 279

7	4	1	2	9	8	6	3	5
5	8	9	7	6	3	2	4	1
2	6	3	5	1	4	8	9	7
4	3	5	6	7	2	1	8	9
1	7	8	9	4	5	3	6	2
6	9	2	3	8	1	5	7	4
3	5	7	8	2	9	4	1	6
8	1	6	4	5	7	9	2	3
9	2	4	1	3	6	7	5	8

HARD - 280

7	5	6	2	4	8	1	3	9
2	4	8	9	3	1	5	7	6
3	1	9	7	5	6	2	8	4
8	9	1	6	7	3	4	5	2
4	7	2	1	9	5	8	6	3
6	3	5	4	8	2	7	9	1
1	6	7	8	2	9	3	4	5
9	8	3	5	1	4	6	2	7
5	2	4	3	6	7	9	1	8

HARD - 281

4	8	6	1	7	5	3	9	2
1	2	5	8	3	9	4	6	7
9	7	3	4	6	2	8	1	5
6	4	7	2	1	3	5	8	9
5	1	2	9	4	8	7	3	6
8	3	9	6	5	7	1	2	4
3	6	4	5	9	1	2	7	8
7	9	8	3	2	4	6	5	1
2	5	1	7	8	6	9	4	3

HARD - 282

7	5	8	4	3	9	1	6	2
4	9	2	1	6	7	3	8	5
6	3	1	2	8	5	7	4	9
9	4	7	6	1	2	8	5	3
1	6	5	8	7	3	9	2	4
2	8	3	9	5	4	6	1	7
8	7	4	5	9	6	2	3	1
3	2	6	7	4	1	5	9	8
5	1	9	3	2	8	4	7	6

HARD - 283

7	4	9	1	8	6	2	3	5
8	3	1	4	2	5	6	9	7
6	2	5	9	7	3	4	1	8
1	5	3	8	4	2	7	6	9
4	7	8	6	3	9	1	5	2
9	6	2	5	1	7	8	4	3
2	9	4	3	6	8	5	7	1
5	1	7	2	9	4	3	8	6
3	8	6	7	5	1	9	2	4

HARD - 284

7	3	6	1	2	5	4	8	9
4	9	5	7	3	8	6	2	1
2	1	8	6	4	9	5	7	3
6	7	3	5	1	4	2	9	8
1	4	9	2	8	7	3	5	6
5	8	2	9	6	3	7	1	4
3	2	7	4	9	1	8	6	5
9	6	4	8	5	2	1	3	7
8	5	1	3	7	6	9	4	2

HARD - 285

4	7	5	8	1	6	9	2	3
9	6	2	3	7	5	1	8	4
8	3	1	2	9	4	6	5	7
6	8	3	1	4	7	5	9	2
7	5	9	6	3	2	4	1	8
1	2	4	5	8	9	3	7	6
3	4	7	9	5	8	2	6	1
5	1	6	7	2	3	8	4	9
2	9	8	4	6	1	7	3	5

HARD - 286

1	7	4	8	3	6	9	5	2
3	2	9	1	7	5	4	8	6
5	8	6	2	9	4	7	3	1
6	4	8	7	1	9	5	2	3
9	3	7	5	6	2	8	1	4
2	1	5	3	4	8	6	9	7
8	9	3	6	2	7	1	4	5
4	6	1	9	5	3	2	7	8
7	5	2	4	8	1	3	6	9

HARD - 287

9	1	3	5	2	8	6	7	4
5	2	8	4	7	6	3	9	1
6	4	7	9	1	3	2	8	5
3	6	9	2	8	4	1	5	7
2	8	1	3	5	7	4	6	9
7	5	4	6	9	1	8	2	3
4	3	5	7	6	2	9	1	8
8	7	2	1	4	9	5	3	6
1	9	6	8	3	5	7	4	2

HARD - 288

4	3	5	6	1	2	9	7	8
6	2	8	5	9	7	4	1	3
7	1	9	3	8	4	2	5	6
3	5	4	1	7	8	6	9	2
2	6	7	4	5	9	8	3	1
8	9	1	2	6	3	5	4	7
9	8	2	7	4	1	3	6	5
1	4	6	8	3	5	7	2	9
5	7	3	9	2	6	1	8	4

HARD - 289

7	5	9	1	2	6	4	3	8
3	1	2	7	8	4	9	5	6
6	4	8	9	5	3	2	1	7
9	2	5	3	4	7	8	6	1
8	7	3	2	6	1	5	9	4
1	6	4	5	9	8	7	2	3
2	8	1	6	7	9	3	4	5
5	3	7	4	1	2	6	8	9
4	9	6	8	3	5	1	7	2

HARD - 290

7	3	4	9	2	6	5	1	8
9	8	6	4	1	5	7	3	2
2	1	5	8	3	7	4	9	6
8	7	9	2	5	4	3	6	1
5	4	3	1	6	8	2	7	9
6	2	1	3	7	9	8	5	4
1	9	8	7	4	3	6	2	5
4	5	7	6	9	2	1	8	3
3	6	2	5	8	1	9	4	7

HARD - 291

4	5	1	6	3	8	9	2	7
7	6	9	1	5	2	8	4	3
3	2	8	7	4	9	1	6	5
9	3	4	8	1	5	6	7	2
1	7	5	3	2	6	4	9	8
6	8	2	9	7	4	3	5	1
5	4	6	2	8	3	7	1	9
2	1	3	4	9	7	5	8	6
8	9	7	5	6	1	2	3	4

HARD - 292

3	7	2	8	6	4	9	1	5
8	6	9	3	1	5	7	2	4
5	1	4	7	9	2	8	6	3
1	5	7	2	8	3	6	4	9
6	2	3	4	7	9	5	8	1
4	9	8	6	5	1	2	3	7
7	3	6	9	4	8	1	5	2
2	8	5	1	3	7	4	9	6
9	4	1	5	2	6	3	7	8

HARD - 293

2	8	1	5	4	9	7	6	3
3	4	7	2	1	6	8	9	5
9	5	6	7	3	8	2	1	4
4	9	3	1	6	2	5	7	8
5	7	2	9	8	3	1	4	6
6	1	8	4	5	7	3	2	9
1	2	5	3	9	4	6	8	7
8	3	9	6	7	1	4	5	2
7	6	4	8	2	5	9	3	1

HARD - 294

2	8	4	1	6	3	5	7	9
1	3	6	5	7	9	2	4	8
5	9	7	2	4	8	3	1	6
7	4	3	6	2	1	8	9	5
8	6	5	3	9	4	7	2	1
9	1	2	8	5	7	6	3	4
6	5	9	7	1	2	4	8	3
3	2	1	4	8	5	9	6	7
4	7	8	9	3	6	1	5	2

HARD - 295

2	8	1	9	6	3	4	7	5
4	6	3	7	5	8	1	2	9
7	9	5	2	1	4	8	3	6
1	5	9	4	8	2	3	6	7
8	2	4	6	3	7	5	9	1
3	7	6	1	9	5	2	8	4
6	3	8	5	4	9	7	1	2
5	1	2	8	7	6	9	4	3
9	4	7	3	2	1	6	5	8

HARD - 296

1	3	4	9	2	7	5	6	8
9	2	5	3	6	8	1	4	7
7	6	8	1	4	5	3	2	9
5	4	7	6	8	2	9	3	1
3	9	2	4	7	1	6	8	5
8	1	6	5	3	9	2	7	4
6	5	3	7	1	4	8	9	2
2	7	1	8	9	3	4	5	6
4	8	9	2	5	6	7	1	3

HARD - 297

4	1	2	7	3	8	6	9	5
9	8	3	5	6	2	1	4	7
6	5	7	1	9	4	8	2	3
2	7	5	8	1	6	4	3	9
8	3	9	4	5	7	2	1	6
1	4	6	3	2	9	5	7	8
5	2	4	6	7	3	9	8	1
7	9	1	2	8	5	3	6	4
3	6	8	9	4	1	7	5	2

HARD - 298

9	8	2	5	1	7	3	6	4
6	1	4	3	8	9	7	5	2
3	7	5	6	2	4	8	9	1
5	6	3	1	4	2	9	7	8
4	2	8	7	9	5	6	1	3
1	9	7	8	6	3	4	2	5
8	3	1	9	5	6	2	4	7
7	4	6	2	3	1	5	8	9
2	5	9	4	7	8	1	3	6

HARD - 299

8	5	2	9	7	6	3	4	1
9	1	3	8	2	4	7	6	5
4	7	6	5	3	1	8	9	2
2	8	9	3	6	5	1	7	4
5	6	4	2	1	7	9	3	8
1	3	7	4	9	8	2	5	6
6	4	1	7	8	9	5	2	3
7	2	5	1	4	3	6	8	9
3	9	8	6	5	2	4	1	7

HARD - 300

8	6	4	7	5	3	2	9	1
9	3	7	6	1	2	4	8	5
1	2	5	8	4	9	6	3	7
5	7	2	9	3	8	1	6	4
4	9	1	5	6	7	8	2	3
3	8	6	1	2	4	7	5	9
6	5	8	4	9	1	3	7	2
2	4	9	3	7	6	5	1	8
7	1	3	2	8	5	9	4	6

HARD - 301

1	2	8	6	7	5	9	3	4
3	9	6	2	4	1	7	8	5
5	7	4	3	8	9	6	1	2
9	5	3	7	1	6	2	4	8
8	6	7	4	2	3	1	5	9
4	1	2	9	5	8	3	6	7
2	4	5	1	6	7	8	9	3
7	3	1	8	9	4	5	2	6
6	8	9	5	3	2	4	7	1

HARD - 302

3	2	8	7	4	6	1	9	5
7	6	5	3	1	9	4	8	2
4	1	9	5	8	2	3	7	6
9	8	6	2	5	1	7	4	3
2	7	4	8	9	3	5	6	1
1	5	3	6	7	4	9	2	8
6	4	1	9	2	5	8	3	7
8	9	2	1	3	7	6	5	4
5	3	7	4	6	8	2	1	9

HARD - 303

8	9	2	4	3	7	6	1	5
3	4	5	9	1	6	2	7	8
7	6	1	2	8	5	3	4	9
4	2	8	7	9	3	5	6	1
1	3	9	6	5	2	4	8	7
6	5	7	1	4	8	9	3	2
9	7	3	8	2	4	1	5	6
2	8	4	5	6	1	7	9	3
5	1	6	3	7	9	8	2	4

HARD - 304

8	3	5	2	7	6	1	4	9
7	2	4	1	9	8	3	5	6
1	6	9	4	3	5	8	2	7
3	7	2	9	1	4	6	8	5
4	9	8	6	5	7	2	3	1
5	1	6	8	2	3	9	7	4
2	8	7	5	6	9	4	1	3
9	4	3	7	8	1	5	6	2
6	5	1	3	4	2	7	9	8

HARD - 305

7	1	5	6	8	2	4	3	9
6	2	3	4	1	9	8	5	7
4	8	9	3	5	7	2	1	6
2	6	8	5	3	4	9	7	1
9	3	1	2	7	8	6	4	5
5	4	7	1	9	6	3	8	2
1	5	6	8	2	3	7	9	4
3	7	2	9	4	5	1	6	8
8	9	4	7	6	1	5	2	3

HARD - 306

9	1	5	2	7	6	8	3	4
3	6	2	1	8	4	7	9	5
8	4	7	3	5	9	6	2	1
7	5	9	4	2	3	1	8	6
2	8	6	9	1	7	5	4	3
4	3	1	5	6	8	2	7	9
6	7	4	8	9	1	3	5	2
5	9	8	6	3	2	4	1	7
1	2	3	7	4	5	9	6	8

HARD - 307

5	4	8	9	7	1	3	6	2
9	7	1	6	2	3	4	5	8
3	6	2	5	8	4	1	9	7
8	9	6	3	4	7	2	1	5
7	5	4	1	9	2	8	3	6
2	1	3	8	5	6	7	4	9
1	8	9	2	3	5	6	7	4
4	3	5	7	6	8	9	2	1
6	2	7	4	1	9	5	8	3

HARD - 308

4	3	1	9	6	7	8	2	5
5	6	2	8	1	4	7	3	9
8	7	9	5	3	2	6	4	1
1	5	8	7	4	6	3	9	2
9	2	3	1	8	5	4	7	6
7	4	6	3	2	9	1	5	8
6	1	7	2	5	3	9	8	4
2	9	4	6	7	8	5	1	3
3	8	5	4	9	1	2	6	7

HARD - 309

2	1	5	8	3	6	4	9	7
3	6	9	7	2	4	8	1	5
8	7	4	1	9	5	6	2	3
5	2	8	9	6	7	3	4	1
4	3	6	2	5	1	9	7	8
7	9	1	3	4	8	2	5	6
1	8	3	4	7	9	5	6	2
6	4	7	5	8	2	1	3	9
9	5	2	6	1	3	7	8	4

HARD - 310

3	7	9	6	4	2	5	8	1
2	4	6	1	8	5	3	9	7
5	1	8	3	9	7	4	6	2
4	5	7	8	1	9	2	3	6
9	6	1	4	2	3	7	5	8
8	3	2	5	7	6	9	1	4
6	9	4	2	5	8	1	7	3
7	2	3	9	6	1	8	4	5
1	8	5	7	3	4	6	2	9

HARD - 311

6	9	4	2	3	8	5	1	7
3	5	2	1	6	7	8	4	9
1	8	7	4	9	5	6	3	2
4	6	9	8	2	1	3	7	5
7	2	8	5	4	3	1	9	6
5	3	1	9	7	6	2	8	4
9	1	3	6	5	4	7	2	8
2	7	6	3	8	9	4	5	1
8	4	5	7	1	2	9	6	3

HARD - 312

3	2	5	4	8	9	1	7	6
7	9	6	5	2	1	3	4	8
8	4	1	6	7	3	9	5	2
1	8	7	3	4	6	5	2	9
6	5	9	2	1	7	8	3	4
4	3	2	8	9	5	6	1	7
5	7	3	9	6	2	4	8	1
9	1	4	7	5	8	2	6	3
2	6	8	1	3	4	7	9	5

HARD - 313

7	9	6	5	1	8	2	3	4
3	1	5	6	2	4	7	9	8
4	8	2	9	7	3	5	6	1
1	5	8	2	9	6	3	4	7
9	3	4	7	8	1	6	5	2
2	6	7	4	3	5	8	1	9
6	4	9	8	5	2	1	7	3
5	2	3	1	4	7	9	8	6
8	7	1	3	6	9	4	2	5

HARD - 314

5	2	1	7	3	6	8	9	4
9	4	7	1	5	8	6	3	2
8	6	3	2	9	4	7	1	5
2	8	4	6	1	7	3	5	9
1	5	6	3	8	9	2	4	7
3	7	9	4	2	5	1	8	6
6	9	2	8	4	3	5	7	1
7	3	5	9	6	1	4	2	8
4	1	8	5	7	2	9	6	3

HARD - 315

5	7	9	3	6	2	8	4	1
2	6	3	1	4	8	7	9	5
4	8	1	5	9	7	3	6	2
1	5	7	4	2	6	9	3	8
8	2	4	7	3	9	5	1	6
9	3	6	8	1	5	4	2	7
6	4	8	9	5	1	2	7	3
3	1	5	2	7	4	6	8	9
7	9	2	6	8	3	1	5	4

HARD - 316

9	8	5	6	4	3	1	7	2
1	6	2	8	9	7	5	3	4
4	3	7	2	5	1	9	8	6
8	2	3	4	7	5	6	9	1
5	9	1	3	2	6	7	4	8
6	7	4	9	1	8	3	2	5
2	4	6	1	3	9	8	5	7
7	1	9	5	8	4	2	6	3
3	5	8	7	6	2	4	1	9

HARD - 317

1	5	9	3	8	6	4	2	7
6	4	8	9	7	2	1	5	3
7	3	2	5	1	4	9	8	6
3	1	5	6	2	7	8	4	9
9	7	4	1	5	8	3	6	2
8	2	6	4	3	9	7	1	5
2	9	7	8	4	5	6	3	1
5	8	3	7	6	1	2	9	4
4	6	1	2	9	3	5	7	8

HARD - 318

1	9	7	6	8	5	4	2	3
4	5	8	9	3	2	6	1	7
3	2	6	4	7	1	5	9	8
8	7	3	2	6	4	9	5	1
6	4	5	1	9	7	3	8	2
2	1	9	3	5	8	7	6	4
5	6	4	8	1	3	2	7	9
9	3	1	7	2	6	8	4	5
7	8	2	5	4	9	1	3	6

HARD - 319

4	2	5	6	9	3	7	1	8
9	6	3	7	8	1	5	4	2
8	7	1	5	4	2	6	9	3
6	8	9	3	7	4	1	2	5
3	4	7	2	1	5	9	8	6
5	1	2	8	6	9	4	3	7
2	5	4	1	3	7	8	6	9
7	9	6	4	2	8	3	5	1
1	3	8	9	5	6	2	7	4

HARD - 320

8	4	5	6	1	3	7	9	2
7	1	6	8	2	9	4	5	3
9	2	3	4	5	7	6	1	8
5	8	1	3	9	4	2	6	7
3	7	4	1	6	2	9	8	5
6	9	2	7	8	5	3	4	1
2	5	7	9	4	1	8	3	6
1	6	9	2	3	8	5	7	4
4	3	8	5	7	6	1	2	9

HARD - 321

8 5 3	1 7 9	6 4 2
9 2 1	3 6 4	8 7 5
7 6 4	8 5 2	9 1 3
3 1 7	4 8 5	2 6 9
6 4 5	2 9 1	3 8 7
2 8 9	7 3 6	4 5 1
5 3 6	9 4 7	1 2 8
4 9 2	5 1 8	7 3 6
1 7 8	6 2 3	5 9 4

HARD - 322

5 1 8	7 9 4	6 2 3
7 9 4	6 2 3	5 1 8
2 3 6	1 5 8	9 4 7
8 7 5	3 4 2	1 6 9
9 6 1	5 8 7	2 3 4
4 2 3	9 6 1	7 8 5
1 5 7	8 3 6	4 9 2
6 8 2	4 7 9	3 5 1
3 4 9	2 1 5	8 7 6

HARD - 323

7 8 3	6 9 4	2 5 1
5 6 9	3 2 1	7 4 8
4 2 1	5 8 7	6 9 3
9 3 7	2 5 6	1 8 4
2 4 5	9 1 8	3 6 7
8 1 6	7 4 3	5 2 9
1 5 4	8 7 2	9 3 6
3 9 8	1 6 5	4 7 2
6 7 2	4 3 9	8 1 5

HARD - 324

8 1 3	4 2 5	7 6 9
6 7 2	1 9 8	3 4 5
5 9 4	6 7 3	1 2 8
4 3 7	8 1 9	6 5 2
1 8 9	2 5 6	4 3 7
2 5 6	3 4 7	9 8 1
3 2 5	7 6 1	8 9 4
9 6 1	5 8 4	2 7 3
7 4 8	9 3 2	5 1 6

HARD - 325

3 4 8	5 7 1	2 6 9
1 6 2	9 3 4	7 5 8
5 7 9	6 8 2	4 1 3
6 3 4	7 1 8	9 2 5
9 2 5	4 6 3	1 8 7
7 8 1	2 9 5	3 4 6
2 9 3	1 5 6	8 7 4
4 5 7	8 2 9	6 3 1
8 1 6	3 4 7	5 9 2

HARD - 326

9 8 1	5 4 6	2 3 7
6 3 2	7 8 1	4 5 9
5 4 7	3 9 2	1 6 8
7 6 5	9 1 8	3 2 4
3 9 4	2 7 5	6 8 1
1 2 8	4 6 3	9 7 5
4 7 3	8 2 9	5 1 6
8 5 6	1 3 4	7 9 2
2 1 9	6 5 7	8 4 3

HARD - 327

8 9 1	2 4 3	5 7 6
4 6 2	9 5 7	8 1 3
7 5 3	1 8 6	4 2 9
1 8 7	4 9 5	6 3 2
3 2 9	6 1 8	7 4 5
6 4 5	3 7 2	1 9 8
2 3 8	7 6 4	9 5 1
5 1 4	8 3 9	2 6 7
9 7 6	5 2 1	3 8 4

HARD - 328

6 9 8	7 5 1	4 2 3
3 1 5	6 4 2	9 8 7
2 7 4	3 9 8	5 1 6
7 5 1	2 8 6	3 4 9
9 3 2	1 7 4	6 5 8
8 4 6	9 3 5	2 7 1
5 2 7	8 6 3	1 9 4
4 6 9	5 1 7	8 3 2
1 8 3	4 2 9	7 6 5

HARD - 329

4	1	7	8	2	5	3	6	9
9	5	6	4	7	3	8	1	2
2	3	8	6	9	1	7	5	4
7	6	9	2	4	8	5	3	1
1	4	2	3	5	6	9	8	7
3	8	5	9	1	7	2	4	6
8	7	4	1	3	2	6	9	5
5	9	3	7	6	4	1	2	8
6	2	1	5	8	9	4	7	3

HARD - 330

5	7	9	3	6	2	4	8	1
3	1	6	4	7	8	5	2	9
4	2	8	5	9	1	6	7	3
1	5	7	8	3	4	2	9	6
2	6	3	9	5	7	1	4	8
9	8	4	1	2	6	7	3	5
6	4	1	7	8	3	9	5	2
8	9	2	6	4	5	3	1	7
7	3	5	2	1	9	8	6	4

HARD - 331

1	9	4	6	8	7	5	2	3
8	7	5	4	3	2	1	6	9
2	6	3	1	5	9	4	7	8
6	8	2	5	7	1	3	9	4
4	1	9	8	6	3	7	5	2
5	3	7	9	2	4	6	8	1
9	5	1	2	4	6	8	3	7
7	4	8	3	9	5	2	1	6
3	2	6	7	1	8	9	4	5

HARD - 332

5	2	9	8	1	4	6	3	7
7	1	6	5	9	3	8	4	2
3	4	8	7	6	2	9	5	1
8	9	2	6	4	1	5	7	3
6	5	4	3	2	7	1	9	8
1	7	3	9	8	5	2	6	4
9	8	1	4	3	6	7	2	5
4	6	7	2	5	8	3	1	9
2	3	5	1	7	9	4	8	6

HARD - 333

2	1	4	6	7	8	5	9	3
7	3	6	5	2	9	4	1	8
8	9	5	4	1	3	7	2	6
3	8	1	2	5	4	9	6	7
9	6	7	3	8	1	2	4	5
5	4	2	9	6	7	8	3	1
6	7	9	8	3	2	1	5	4
1	2	3	7	4	5	6	8	9
4	5	8	1	9	6	3	7	2

HARD - 334

8	5	4	2	6	1	7	9	3
3	6	1	8	9	7	4	2	5
2	9	7	5	3	4	6	8	1
4	1	9	7	5	8	2	3	6
7	2	5	3	4	6	8	1	9
6	8	3	9	1	2	5	4	7
5	3	6	4	8	9	1	7	2
9	4	2	1	7	5	3	6	8
1	7	8	6	2	3	9	5	4

HARD - 335

1	2	4	3	5	7	9	6	8
7	8	6	9	1	2	5	3	4
5	3	9	6	4	8	1	7	2
6	1	3	4	2	5	8	9	7
4	9	8	1	7	6	2	5	3
2	7	5	8	9	3	6	4	1
3	4	1	2	6	9	7	8	5
8	6	7	5	3	1	4	2	9
9	5	2	7	8	4	3	1	6

HARD - 336

5	1	7	8	4	9	3	6	2
3	6	9	7	1	2	8	5	4
4	8	2	6	5	3	7	1	9
1	4	5	2	7	6	9	3	8
6	9	8	4	3	1	2	7	5
7	2	3	5	9	8	1	4	6
2	3	4	1	8	5	6	9	7
9	5	6	3	2	7	4	8	1
8	7	1	9	6	4	5	2	3

HARD - 337

4	7	3	5	6	9	2	1	8
5	2	8	7	1	3	6	4	9
1	6	9	8	2	4	7	5	3
9	8	5	6	3	1	4	2	7
2	1	6	9	4	7	8	3	5
3	4	7	2	8	5	9	6	1
6	9	1	3	7	2	5	8	4
8	5	4	1	9	6	3	7	2
7	3	2	4	5	8	1	9	6

HARD - 338

4	5	6	7	8	1	3	9	2
1	3	2	6	5	9	8	7	4
9	7	8	3	2	4	5	1	6
8	1	5	2	4	3	7	6	9
2	9	7	5	1	6	4	3	8
6	4	3	8	9	7	2	5	1
5	2	1	9	7	8	6	4	3
7	6	4	1	3	2	9	8	5
3	8	9	4	6	5	1	2	7

HARD - 339

8	6	2	3	4	1	9	7	5
4	3	7	5	9	2	8	6	1
9	1	5	7	6	8	4	3	2
6	7	4	2	5	3	1	8	9
1	9	3	8	7	4	2	5	6
2	5	8	6	1	9	7	4	3
3	4	1	9	8	5	6	2	7
5	8	6	1	2	7	3	9	4
7	2	9	4	3	6	5	1	8

HARD - 340

1	5	6	3	9	2	8	4	7
7	2	8	1	4	5	3	6	9
4	3	9	8	6	7	2	1	5
2	7	5	4	1	8	6	9	3
6	8	3	2	5	9	4	7	1
9	1	4	6	7	3	5	2	8
3	4	7	9	8	6	1	5	2
8	9	1	5	2	4	7	3	6
5	6	2	7	3	1	9	8	4

HARD - 341

6	8	1	5	3	7	4	9	2
5	4	7	8	9	2	6	3	1
9	2	3	4	1	6	8	5	7
4	5	9	3	6	1	2	7	8
7	1	6	2	8	5	9	4	3
2	3	8	7	4	9	5	1	6
8	7	5	1	2	4	3	6	9
3	6	4	9	7	8	1	2	5
1	9	2	6	5	3	7	8	4

HARD - 342

1	6	8	2	9	7	4	5	3
2	9	5	6	4	3	1	7	8
4	7	3	1	5	8	6	2	9
6	4	7	5	2	9	3	8	1
3	2	9	8	6	1	7	4	5
8	5	1	7	3	4	2	9	6
9	8	6	3	7	2	5	1	4
5	1	2	4	8	6	9	3	7
7	3	4	9	1	5	8	6	2

HARD - 343

2	9	6	7	4	3	8	5	1
5	1	8	9	6	2	3	7	4
3	7	4	5	8	1	6	2	9
4	5	7	3	9	6	1	8	2
1	8	2	4	7	5	9	3	6
9	6	3	2	1	8	7	4	5
8	2	1	6	5	7	4	9	3
6	4	5	8	3	9	2	1	7
7	3	9	1	2	4	5	6	8

HARD - 344

3	5	9	8	4	7	6	1	2
7	2	6	3	5	1	8	9	4
1	8	4	2	9	6	7	5	3
4	1	3	9	7	8	5	2	6
5	7	2	1	6	3	9	4	8
6	9	8	5	2	4	1	3	7
8	3	7	4	1	5	2	6	9
2	6	5	7	3	9	4	8	1
9	4	1	6	8	2	3	7	5

HARD - 345

2	8	6	3	1	7	9	5	4
3	7	4	8	9	5	1	6	2
1	5	9	4	6	2	3	7	8
4	6	7	9	5	3	2	8	1
8	3	2	6	4	1	5	9	7
9	1	5	7	2	8	4	3	6
6	4	3	1	7	9	8	2	5
5	9	1	2	8	6	7	4	3
7	2	8	5	3	4	6	1	9

HARD - 346

7	3	8	2	4	1	6	9	5
2	1	6	5	7	9	8	4	3
9	4	5	3	6	8	7	1	2
6	2	1	8	5	4	9	3	7
3	7	4	1	9	6	2	5	8
8	5	9	7	3	2	4	6	1
5	6	7	9	2	3	1	8	4
1	9	2	4	8	5	3	7	6
4	8	3	6	1	7	5	2	9

HARD - 347

9	4	8	1	7	5	2	6	3
5	6	7	3	8	2	1	4	9
1	2	3	4	9	6	7	8	5
8	1	6	7	4	3	5	9	2
7	3	4	2	5	9	8	1	6
2	9	5	8	6	1	4	3	7
3	5	1	6	2	8	9	7	4
6	7	9	5	1	4	3	2	8
4	8	2	9	3	7	6	5	1

HARD - 348

6	5	1	2	3	4	8	9	7
8	9	3	5	6	7	2	1	4
2	7	4	9	1	8	3	6	5
4	8	9	3	7	1	6	5	2
1	2	7	6	9	5	4	3	8
5	3	6	8	4	2	1	7	9
3	1	5	4	2	9	7	8	6
7	4	8	1	5	6	9	2	3
9	6	2	7	8	3	5	4	1

HARD - 349

2	6	4	7	5	8	9	1	3
1	5	7	3	4	9	2	8	6
3	9	8	1	2	6	5	7	4
9	8	3	4	1	2	7	6	5
4	7	5	8	6	3	1	9	2
6	2	1	5	9	7	4	3	8
5	3	9	2	8	1	6	4	7
8	1	2	6	7	4	3	5	9
7	4	6	9	3	5	8	2	1

HARD - 350

4	1	7	9	3	2	8	5	6
3	2	8	7	5	6	1	4	9
6	5	9	1	8	4	3	7	2
2	8	6	3	7	5	4	9	1
9	4	3	8	6	1	5	2	7
5	7	1	2	4	9	6	3	8
8	9	2	5	1	3	7	6	4
7	3	4	6	2	8	9	1	5
1	6	5	4	9	7	2	8	3

HARD - 351

8	2	7	5	4	6	9	3	1
6	5	1	3	2	9	7	4	8
4	3	9	7	1	8	2	5	6
5	1	3	8	6	2	4	7	9
7	8	4	1	9	3	6	2	5
2	9	6	4	7	5	1	8	3
9	7	8	2	3	1	5	6	4
3	6	2	9	5	4	8	1	7
1	4	5	6	8	7	3	9	2

HARD - 352

1	7	3	8	6	5	4	9	2
8	4	6	7	2	9	3	5	1
9	5	2	1	3	4	8	6	7
6	8	9	2	7	3	1	4	5
2	1	7	5	4	6	9	3	8
4	3	5	9	8	1	7	2	6
3	6	1	4	5	7	2	8	9
5	9	8	3	1	2	6	7	4
7	2	4	6	9	8	5	1	3

HARD - 353

```
9 3 5 | 6 8 2 | 4 1 7
8 6 1 | 7 3 4 | 9 5 2
7 2 4 | 1 9 5 | 3 6 8
------+-------+------
4 8 9 | 3 5 7 | 1 2 6
3 7 2 | 8 6 1 | 5 9 4
5 1 6 | 2 4 9 | 7 8 3
------+-------+------
2 9 3 | 5 7 6 | 8 4 1
6 4 8 | 9 1 3 | 2 7 5
1 5 7 | 4 2 8 | 6 3 9
```

HARD - 354

```
9 1 6 | 5 2 8 | 7 4 3
5 2 3 | 1 7 4 | 9 8 6
4 8 7 | 6 9 3 | 1 2 5
------+-------+------
1 9 2 | 4 6 7 | 3 5 8
7 6 4 | 8 3 5 | 2 9 1
8 3 5 | 9 1 2 | 4 6 7
------+-------+------
2 7 8 | 3 4 6 | 5 1 9
3 5 1 | 2 8 9 | 6 7 4
6 4 9 | 7 5 1 | 8 3 2
```

HARD - 355

```
2 9 4 | 5 1 7 | 8 6 3
7 8 5 | 4 3 6 | 2 1 9
6 3 1 | 9 8 2 | 4 7 5
------+-------+------
3 7 8 | 2 5 4 | 6 9 1
5 6 9 | 1 7 8 | 3 2 4
4 1 2 | 3 6 9 | 5 8 7
------+-------+------
9 2 6 | 7 4 3 | 1 5 8
1 4 7 | 8 2 5 | 9 3 6
8 5 3 | 6 9 1 | 7 4 2
```

HARD - 356

```
6 1 9 | 8 2 4 | 3 7 5
3 4 8 | 7 6 5 | 2 1 9
5 2 7 | 9 1 3 | 8 6 4
------+-------+------
4 7 6 | 1 8 2 | 9 5 3
2 9 1 | 3 5 7 | 6 4 8
8 5 3 | 6 4 9 | 7 2 1
------+-------+------
7 6 4 | 5 3 8 | 1 9 2
9 3 2 | 4 7 1 | 5 8 6
1 8 5 | 2 9 6 | 4 3 7
```

HARD - 357

```
6 2 9 | 7 5 3 | 8 4 1
3 5 4 | 8 6 1 | 9 2 7
7 8 1 | 2 9 4 | 6 5 3
------+-------+------
2 3 7 | 6 8 9 | 4 1 5
9 4 8 | 3 1 5 | 2 7 6
5 1 6 | 4 2 7 | 3 8 9
------+-------+------
4 7 2 | 5 3 6 | 1 9 8
1 6 5 | 9 4 8 | 7 3 2
8 9 3 | 1 7 2 | 5 6 4
```

HARD - 358

```
3 1 5 | 2 8 9 | 6 7 4
4 9 2 | 3 7 6 | 5 1 8
6 8 7 | 5 4 1 | 2 3 9
------+-------+------
5 6 8 | 7 2 3 | 9 4 1
1 3 9 | 4 6 5 | 8 2 7
7 2 4 | 1 9 8 | 3 6 5
------+-------+------
9 4 1 | 8 3 2 | 7 5 6
2 5 6 | 9 1 7 | 4 8 3
8 7 3 | 6 5 4 | 1 9 2
```

HARD - 359

```
9 8 1 | 3 5 2 | 7 4 6
3 6 5 | 1 4 7 | 9 2 8
4 7 2 | 6 9 8 | 5 1 3
------+-------+------
8 2 6 | 9 3 5 | 4 7 1
1 4 3 | 7 2 6 | 8 5 9
7 5 9 | 8 1 4 | 6 3 2
------+-------+------
2 3 8 | 5 7 9 | 1 6 4
6 1 7 | 4 8 3 | 2 9 5
5 9 4 | 2 6 1 | 3 8 7
```

HARD - 360

```
3 2 5 | 1 9 8 | 4 6 7
7 4 9 | 3 6 2 | 8 5 1
6 8 1 | 7 5 4 | 2 3 9
------+-------+------
9 7 4 | 6 8 5 | 3 1 2
5 6 2 | 9 3 1 | 7 4 8
8 1 3 | 2 4 7 | 5 9 6
------+-------+------
1 9 8 | 5 7 3 | 6 2 4
4 5 6 | 8 2 9 | 1 7 3
2 3 7 | 4 1 6 | 9 8 5
```

HARD - 361

5	4	8	9	3	7	2	1	6
7	6	9	8	2	1	5	4	3
3	1	2	4	6	5	9	8	7
8	5	6	7	1	9	3	2	4
4	2	1	5	8	3	6	7	9
9	7	3	6	4	2	1	5	8
1	9	4	2	7	6	8	3	5
2	8	5	3	9	4	7	6	1
6	3	7	1	5	8	4	9	2

HARD - 362

2	7	6	3	4	9	5	1	8
8	3	4	5	6	1	9	2	7
1	5	9	2	8	7	6	4	3
5	4	2	1	7	3	8	6	9
9	1	7	8	2	6	4	3	5
3	6	8	4	9	5	2	7	1
7	9	5	6	3	2	1	8	4
4	2	1	7	5	8	3	9	6
6	8	3	9	1	4	7	5	2

HARD - 363

3	1	4	8	5	6	7	9	2
2	6	8	9	1	7	3	5	4
9	7	5	4	2	3	6	1	8
8	3	2	1	9	4	5	6	7
5	4	7	6	3	2	1	8	9
1	9	6	7	8	5	2	4	3
6	2	3	5	4	9	8	7	1
7	8	9	2	6	1	4	3	5
4	5	1	3	7	8	9	2	6

HARD - 364

6	5	1	7	3	8	9	4	2
2	8	3	1	4	9	5	7	6
4	9	7	2	6	5	3	8	1
8	6	9	5	2	4	7	1	3
7	1	5	8	9	3	2	6	4
3	2	4	6	7	1	8	9	5
9	3	2	4	1	7	6	5	8
5	4	6	9	8	2	1	3	7
1	7	8	3	5	6	4	2	9

HARD - 365

2	3	7	1	8	5	6	4	9
9	4	6	3	7	2	8	1	5
1	5	8	9	6	4	7	3	2
4	8	2	5	3	1	9	6	7
3	6	9	7	4	8	5	2	1
5	7	1	6	2	9	3	8	4
8	9	3	4	1	7	2	5	6
7	2	4	8	5	6	1	9	3
6	1	5	2	9	3	4	7	8

HARD - 366

2	7	9	5	8	6	1	3	4
6	5	3	7	4	1	9	8	2
4	8	1	9	3	2	6	7	5
1	3	2	6	7	4	8	5	9
5	4	8	2	9	3	7	6	1
9	6	7	8	1	5	2	4	3
3	2	5	1	6	8	4	9	7
8	9	4	3	2	7	5	1	6
7	1	6	4	5	9	3	2	8

HARD - 367

6	8	3	1	4	7	2	9	5
9	1	2	6	3	5	8	4	7
5	4	7	9	8	2	1	6	3
2	6	4	8	1	3	5	7	9
3	9	1	7	5	4	6	2	8
8	7	5	2	9	6	3	1	4
7	3	8	4	2	1	9	5	6
1	5	6	3	7	9	4	8	2
4	2	9	5	6	8	7	3	1

HARD - 368

2	8	9	6	7	5	3	1	4
6	4	5	2	1	3	7	8	9
7	3	1	4	9	8	2	5	6
1	2	4	3	5	6	8	9	7
3	6	8	7	4	9	1	2	5
9	5	7	8	2	1	4	6	3
5	1	2	9	3	7	6	4	8
4	7	6	5	8	2	9	3	1
8	9	3	1	6	4	5	7	2

HARD - 369

8	3	7	2	4	5	6	9	1
2	1	5	8	6	9	7	4	3
9	4	6	3	7	1	2	5	8
7	8	9	6	5	4	1	3	2
6	2	4	7	1	3	9	8	5
3	5	1	9	2	8	4	6	7
5	6	8	1	9	7	3	2	4
1	9	3	4	8	2	5	7	6
4	7	2	5	3	6	8	1	9

HARD - 370

8	3	1	9	6	7	2	5	4
9	4	2	5	8	3	6	7	1
6	7	5	2	4	1	9	8	3
3	6	4	8	2	5	7	1	9
1	8	9	3	7	4	5	6	2
5	2	7	6	1	9	3	4	8
2	9	8	4	5	6	1	3	7
4	1	6	7	3	2	8	9	5
7	5	3	1	9	8	4	2	6

HARD - 371

8	5	7	2	4	3	1	9	6
9	2	4	7	1	6	5	8	3
1	6	3	8	9	5	7	2	4
2	1	8	3	5	9	6	4	7
5	4	6	1	7	2	8	3	9
3	7	9	6	8	4	2	1	5
4	8	2	5	3	7	9	6	1
7	9	1	4	6	8	3	5	2
6	3	5	9	2	1	4	7	8

HARD - 372

8	9	5	1	3	4	6	7	2
6	1	2	8	9	7	4	3	5
3	7	4	5	2	6	9	8	1
5	3	9	6	7	2	8	1	4
2	6	7	4	1	8	3	5	9
1	4	8	9	5	3	2	6	7
4	2	1	3	6	5	7	9	8
9	8	3	7	4	1	5	2	6
7	5	6	2	8	9	1	4	3

HARD - 373

9	6	3	5	7	4	8	1	2
2	5	7	9	1	8	3	4	6
4	1	8	3	2	6	9	7	5
3	2	5	6	8	7	4	9	1
1	7	6	2	4	9	5	3	8
8	4	9	1	3	5	2	6	7
6	3	2	8	9	1	7	5	4
7	8	1	4	5	3	6	2	9
5	9	4	7	6	2	1	8	3

HARD - 374

1	3	8	9	7	6	5	4	2
7	2	4	8	3	5	1	6	9
5	9	6	2	1	4	7	8	3
6	5	2	3	4	7	9	1	8
8	7	9	5	2	1	4	3	6
4	1	3	6	9	8	2	5	7
9	8	1	4	6	2	3	7	5
3	6	7	1	5	9	8	2	4
2	4	5	7	8	3	6	9	1

HARD - 375

3	7	5	6	2	4	8	1	9
9	2	8	7	5	1	6	4	3
1	4	6	3	9	8	5	7	2
4	3	9	1	8	6	2	5	7
8	1	7	2	3	5	9	6	4
6	5	2	4	7	9	3	8	1
2	9	4	5	6	7	1	3	8
7	6	3	8	1	2	4	9	5
5	8	1	9	4	3	7	2	6

HARD - 376

6	8	5	7	4	2	1	3	9
4	9	7	3	6	1	2	8	5
1	3	2	5	9	8	6	4	7
9	7	4	2	3	6	5	1	8
8	6	1	4	5	7	3	9	2
5	2	3	1	8	9	7	6	4
7	1	8	9	2	3	4	5	6
2	4	6	8	1	5	9	7	3
3	5	9	6	7	4	8	2	1

HARD - 377

6	7	2	5	4	8	9	1	3
9	1	4	2	6	3	8	5	7
8	5	3	7	9	1	6	4	2
5	3	1	8	2	7	4	6	9
4	9	7	1	3	6	2	8	5
2	6	8	9	5	4	3	7	1
3	4	5	6	7	9	1	2	8
7	8	6	3	1	2	5	9	4
1	2	9	4	8	5	7	3	6

HARD - 378

9	8	1	6	2	3	7	5	4
4	3	6	5	7	9	8	1	2
2	7	5	8	1	4	3	9	6
8	5	4	9	3	2	6	7	1
3	6	2	7	5	1	4	8	9
1	9	7	4	8	6	2	3	5
7	4	8	1	6	5	9	2	3
6	1	3	2	9	7	5	4	8
5	2	9	3	4	8	1	6	7

HARD - 379

1	6	4	8	2	3	7	9	5
5	9	8	4	7	6	1	3	2
7	3	2	5	9	1	8	4	6
9	8	6	7	5	4	2	1	3
4	5	1	6	3	2	9	8	7
3	2	7	9	1	8	5	6	4
2	1	9	3	4	5	6	7	8
6	4	5	1	8	7	3	2	9
8	7	3	2	6	9	4	5	1

HARD - 380

1	3	8	4	2	6	5	7	9
4	6	5	9	7	8	2	3	1
7	9	2	5	1	3	8	4	6
6	1	3	7	8	9	4	2	5
8	2	7	6	5	4	9	1	3
5	4	9	1	3	2	6	8	7
3	7	6	2	4	5	1	9	8
2	5	1	8	9	7	3	6	4
9	8	4	3	6	1	7	5	2

HARD - 381

5	7	8	9	1	6	2	3	4
4	1	2	8	7	3	9	5	6
3	9	6	5	4	2	8	1	7
6	3	4	1	2	5	7	9	8
8	5	7	4	6	9	1	2	3
9	2	1	7	3	8	6	4	5
1	8	9	6	5	4	3	7	2
2	6	5	3	9	7	4	8	1
7	4	3	2	8	1	5	6	9

HARD - 382

4	2	6	9	1	5	7	8	3
3	8	9	6	2	7	5	4	1
5	7	1	3	8	4	9	2	6
8	5	3	1	7	6	2	9	4
1	6	4	2	5	9	3	7	8
7	9	2	8	4	3	1	6	5
2	4	5	7	6	1	8	3	9
6	3	8	5	9	2	4	1	7
9	1	7	4	3	8	6	5	2

HARD - 383

7	6	1	3	2	5	4	8	9
2	8	3	7	9	4	6	5	1
9	4	5	8	6	1	2	7	3
1	7	8	9	5	2	3	6	4
6	9	2	4	3	8	5	1	7
5	3	4	6	1	7	9	2	8
4	1	6	5	7	9	8	3	2
8	5	7	2	4	3	1	9	6
3	2	9	1	8	6	7	4	5

HARD - 384

7	1	4	8	6	5	3	2	9
6	8	2	1	3	9	4	7	5
3	5	9	4	2	7	1	6	8
8	9	1	7	5	6	2	4	3
5	6	3	9	4	2	7	8	1
2	4	7	3	8	1	5	9	6
1	7	8	5	9	4	6	3	2
9	2	5	6	7	3	8	1	4
4	3	6	2	1	8	9	5	7

HARD - 385

4	8	1	6	2	3	7	9	5
9	7	3	1	8	5	4	2	6
2	6	5	4	9	7	3	8	1
6	2	7	8	1	9	5	4	3
1	3	8	5	6	4	9	7	2
5	4	9	7	3	2	6	1	8
3	9	6	2	7	8	1	5	4
8	1	4	9	5	6	2	3	7
7	5	2	3	4	1	8	6	9

HARD - 386

6	8	7	5	2	9	1	3	4
5	3	9	4	7	1	2	6	8
4	1	2	6	8	3	9	7	5
1	2	4	7	9	5	3	8	6
3	9	8	1	6	4	7	5	2
7	5	6	8	3	2	4	9	1
2	7	1	9	5	6	8	4	3
9	6	3	2	4	8	5	1	7
8	4	5	3	1	7	6	2	9

HARD - 387

5	9	3	4	8	6	7	2	1
1	6	2	9	5	7	4	3	8
8	7	4	2	3	1	6	5	9
4	2	5	6	7	9	1	8	3
3	1	7	5	4	8	2	9	6
6	8	9	3	1	2	5	7	4
9	5	8	1	2	4	3	6	7
2	4	6	7	9	3	8	1	5
7	3	1	8	6	5	9	4	2

HARD - 388

5	2	1	3	9	7	8	6	4
6	8	4	2	5	1	3	7	9
9	3	7	8	6	4	2	5	1
7	4	9	1	2	8	5	3	6
1	5	8	4	3	6	9	2	7
3	6	2	9	7	5	1	4	8
4	9	5	7	1	3	6	8	2
2	7	6	5	8	9	4	1	3
8	1	3	6	4	2	7	9	5

HARD - 389

2	1	7	6	5	3	9	4	8
5	8	9	4	1	7	6	3	2
3	6	4	2	9	8	5	1	7
9	3	1	8	2	5	7	6	4
6	7	2	1	4	9	8	5	3
4	5	8	7	3	6	1	2	9
8	2	6	5	7	4	3	9	1
1	9	5	3	8	2	4	7	6
7	4	3	9	6	1	2	8	5

HARD - 390

9	7	4	6	3	5	1	2	8
6	1	3	2	8	9	5	4	7
5	8	2	1	4	7	9	3	6
2	6	8	3	5	1	7	9	4
7	9	1	8	2	4	3	6	5
4	3	5	7	9	6	8	1	2
1	5	7	9	6	2	4	8	3
8	4	6	5	1	3	2	7	9
3	2	9	4	7	8	6	5	1

HARD - 391

1	4	7	3	9	6	2	5	8
8	2	3	7	1	5	9	4	6
6	5	9	4	2	8	7	3	1
5	6	4	9	8	2	3	1	7
9	1	8	6	7	3	5	2	4
7	3	2	5	4	1	8	6	9
4	7	6	2	5	9	1	8	3
2	9	1	8	3	4	6	7	5
3	8	5	1	6	7	4	9	2

HARD - 392

3	8	7	6	2	4	5	1	9
4	1	2	3	5	9	8	7	6
5	6	9	1	8	7	3	2	4
6	3	4	5	1	8	2	9	7
1	9	5	2	7	3	6	4	8
7	2	8	4	9	6	1	3	5
8	4	1	9	3	5	7	6	2
2	5	6	7	4	1	9	8	3
9	7	3	8	6	2	4	5	1

HARD - 393

7	2	9	6	8	3	4	5	1
1	6	8	9	4	5	7	3	2
3	5	4	2	1	7	6	9	8
4	9	2	7	3	6	8	1	5
6	8	1	5	2	4	3	7	9
5	7	3	1	9	8	2	4	6
8	1	7	3	6	9	5	2	4
2	4	5	8	7	1	9	6	3
9	3	6	4	5	2	1	8	7

HARD - 394

9	6	7	1	3	2	8	4	5
5	2	3	9	4	8	1	7	6
4	1	8	6	7	5	9	2	3
7	5	9	4	6	3	2	1	8
3	8	6	2	9	1	4	5	7
2	4	1	8	5	7	3	6	9
1	3	2	7	8	6	5	9	4
6	9	5	3	1	4	7	8	2
8	7	4	5	2	9	6	3	1

HARD - 395

8	9	6	1	5	2	7	4	3
4	5	1	7	6	3	8	9	2
3	7	2	4	9	8	5	6	1
1	2	7	6	8	4	3	5	9
5	3	8	2	1	9	4	7	6
9	6	4	5	3	7	1	2	8
7	4	3	9	2	1	6	8	5
2	1	5	8	4	6	9	3	7
6	8	9	3	7	5	2	1	4

HARD - 396

7	3	1	9	5	2	4	6	8
2	5	4	7	8	6	9	1	3
6	9	8	4	3	1	5	7	2
3	4	2	6	7	9	1	8	5
5	6	9	3	1	8	2	4	7
1	8	7	5	2	4	6	3	9
9	7	5	1	6	3	8	2	4
4	2	6	8	9	7	3	5	1
8	1	3	2	4	5	7	9	6

HARD - 397

7	9	1	4	8	3	6	2	5
2	3	8	9	5	6	1	7	4
4	5	6	7	1	2	3	9	8
1	8	9	5	2	7	4	6	3
5	2	7	3	6	4	9	8	1
6	4	3	8	9	1	7	5	2
8	7	5	1	3	9	2	4	6
3	6	4	2	7	8	5	1	9
9	1	2	6	4	5	8	3	7

HARD - 398

7	1	9	6	2	8	5	4	3
2	4	6	7	3	5	8	1	9
8	5	3	4	1	9	6	7	2
9	2	5	8	6	4	7	3	1
4	7	8	1	5	3	2	9	6
6	3	1	9	7	2	4	8	5
1	9	4	5	8	6	3	2	7
5	8	2	3	9	7	1	6	4
3	6	7	2	4	1	9	5	8

HARD - 399

6	9	3	4	7	1	5	8	2
2	5	4	6	3	8	9	1	7
7	8	1	9	2	5	4	3	6
3	7	9	2	1	6	8	4	5
1	2	5	3	8	4	6	7	9
4	6	8	7	5	9	3	2	1
5	1	6	8	4	2	7	9	3
9	4	7	1	6	3	2	5	8
8	3	2	5	9	7	1	6	4

HARD - 400

8	6	2	3	5	9	7	4	1
4	9	7	2	6	1	3	8	5
1	5	3	8	7	4	2	9	6
2	7	1	4	9	8	6	5	3
3	4	9	6	1	5	8	2	7
6	8	5	7	2	3	9	1	4
9	2	4	5	3	7	1	6	8
5	3	6	1	8	2	4	7	9
7	1	8	9	4	6	5	3	2